농식품아틀라스

농식품 산업에 대한 데이터와 사실들

한국어판
2023

벼리

02 발행 정보

06 여는 글

08 한국어판 추천사

10 색인
세계 농식품기업 지도

12 역사
세계화 되는 기업들
보호주의인가 자유화인가. 식품산업이 성장하고 있다. 기업들은 공급망 전체를 아우르는 합병으로 점점 거대해지고 있다.

14 플랜테이션
현대의 대지주
남반구에서 거대한 경작지를 구매하거나 임차하는 새로운 기업들이 등장했다. 그곳에서 산업화된 농업을 위한 단일재배가 이뤄지고 있다.

16 농업 기술
온라인으로 트랙터를 움직일 때
디지털화는 농업 경영과 정밀 농업을 가능하게 한다. 자본이 많고 농지 면적이 넓어야 유용하다.

18 물
개인의 손에 넘어간 푸른 황금
물은 수요가 많은 재화이다. 때문에 산업계는 물을 상업화하려 한다. 따라서 수자원에 대한 주민들의 권리를 가능한 없애려고 한다.

20 비료
토양이냐 생산량이냐
질소, 인, 칼륨 비료는 농산물 생산량을 늘리는 데 도움이 되지만, 토양을 비옥하게 하지는 못 한다. 비료 생산업체는 에너지 소비와 환경오염 문제와 관계없이 사업 성장에만 전념하고 있다.

22 종자와 농약
기업 수는 줄고 시장 독점력은 커지고
바이엘(Bayer)은 몬산토(Monsanto)를 인수해 세계 최대 농화학 생산 기업이 됐다. 바이엘의 경제 이익은 기업 본사가 있는 독일 경제와 이해관계로 이어질 것이다.

24 가축 유전학
시작은 특허부터
유전자조작 동물은 질병이 빠르게 발생해 판매가 어렵다. 많은 실험실에서 새로운 공정을 연구하며 가축 사육을 더욱 산업화하고자 한다.

26 작물 유전학
단백질 전투
종자 대기업들은 '유전자 편집'으로 새로운 특성을 가진 작물을 판매할 준비를 마쳤다. 심지어 '유전자조작(GMO)'이라는 꼬리표를 뗀 채로 말이다.

28 곡물
국제 곡물기업의 두 번째 수확
'ABCD'는 세계 곡물무역을 지배하는 서구 대기업 네 개의 약자다. 이제 중국 기업도 포함된다.

30 식품 가공 기업
브랜드, 시장, 지배
세계 가공식품 매출 50퍼센트를 50개 기업이 차지한다.

소수 기업의 시장점유율이 더욱 늘고 있다. 큰 기업일수록 더 빠르게 성장하고 있다.

32 소매업
사슬에 묶이다
오늘날 사람들은 월마트나 리들 같은 슈퍼마켓 체인점에서 장을 본다. 이제 '슈퍼마켓 혁명'은 개발도상국에서도 일어나고 있다.

34 세계의 식량
농약을 뿌려도 굶주림은 여전히
농식품기업은 자신들이 세계를 먹여 살릴 것이라 한다. 하지만 정말 중요한 것은 식량 부족이 아니라 먹거리에 대한 접근성이다. 핵심 과제는 빈곤과 싸우는 것이다.

36 대안
아주 큰 것에 맞서는 매우 작은 것
농생태학은 지역 생태계에 적응하는 소농에 초점을 맞춘다. 농생태학을 적용한 쌀은 세계 곳곳에서 재배되고, 유럽에서 실험이 계속되고 있다.

38 증권시장
성장만 좇는 투자자들
농업 부문에 대한 투기가 그 어느 때보다도 극심하다. 투기자본이 개입하면서 주식시장 가격 변동이 자주 일어나고, 펀드와 금융인들은 이로부터 이익을 얻고자 한다.

40 노동
싸게 더 싸게
슈퍼마켓에 진열한 상품 포장들을 보면 갖가지 인증 표시로 사람과 자연을 보호한다고 홍보한다. 하지만 대부분 이 표시는 제품을 생산하는 열악한 작업환경을 개선하는 데까지 나아가지 않는다.

42 세계 무역
너무 큰 영향, 너무 적은 규제
세계 자유무역협정은 기업 논리를 따른다. 농식품 초국적 기업들은 앞장서서 협정을 맺고자 한다.

44 로비
압력을 받는 정부기관
농화학기업들은 많은 재정을 들여 국가를 상대로 기업의 이익을 지키고 대변하기 위해 힘쓴다. 이에 대해 시민사회는 더 많은 보호 장치를 요구한다.

46 규제
시장 지배력과 인권
기업들은 오랫동안 인권을 침해해 왔다. 기업 스스로 만든 조치로는 충분하지 않다. 구속력 있는 규제들이 반드시 필요하다.

48 반격
시위와 보이콧, 저항
많은 국가의 사람들이 초국적 기업의 힘을 강화하는 농업정책과 무역정책에 반대하고 있다. 기업들 또한 비판을 받고 있다.

50 한국
지속가능하지 않은 농식품 체계
세계 농식품 체계의 일부가 된 지 30년이 지난 한국의 농식품 체계는 곳곳에서 위기를 드러내고 있다.

52 글쓴이, 데이터, 그래픽 출처

54 기관소개

여는 글

경작지, 동물, 목초지 같은 식품 포장에서 흔히 볼 수 있는 이미지는 시골풍 농업, 전통 수공업, 온전한 자연을 떠올리게 한다. 이런 이미지가 오늘날 농업이나 식품산업의 생산과 전혀 관련이 없다는 것을 많은 사람이 알고 있다. 식품은 이런 이미지들과 정서로는 뗄 수 없이 연결돼 있다. 하지만 이는 세계에서 활동하는 초국적 농식품기업의 현실이나 실제가 아니다.

식품산업은 고객에게 좋은 느낌을 주고 안심시키기 위해 전통 농업의 이미지를 고수한다. 많은 사람들은 먹거리 분야의 광범위한 영역을 소수 대기업이 지배하고 있다는 것을 잘 모른다. 이러한 권력 집중 경향은 계속되고 있다. 남반구 국가들에서 중산층이 성장하며, 소비와 식습관 또한 변하고 있다. 세계에서 가공 식품에 대한 수요가 늘어나는 것도 확실해 보인다. 농업, 화학, 식품 기업들이 겨냥하는 분명한 목표는 식품산업이라는 파이의 가능한 큰 조각을 차지하는 것이다. 이제는 은행, 보험, 아이티 업계도 이것을 목표로 하고 있다.

바이엘(Bayer)의 몬산토(Monsanto) 인수나 슈퍼마켓 카이저스(Kaiser's)와 텡겔만(Tengelmann)이 레베(Rewe)와 에데카(Edeka)로 분할 매각된 것은 빙산의 일각이다. 농경지에서 매장 판매대에 이르는 공급망 모든 단계에서 엄청난 동력으로 집중화가 일어나고 있다. 이것은 가장 거대한 기업들이 가장 빠르게 성장하며, 기업의 이익과 기준을 관철하고 있다는 것을 보여준다.

'얼마나 커야 너무 큰 것인가?'는 사회적으로 중요하지만 대답하기 쉽지 않은 질문이다. 인권이나 노동권, 기후 또는 환경보호 같은 생태와 사회적 가치를 실현하는 것은 반드시 기업 크기에 달린 것은 아니다. 하지만 농업과 식품 분야 여러 영역에서 소수

> 인권과 노동권을 지키고 환경을 보호하기 위한 의무를 기업에게 부가하려는 규제가 계속해서 좌절되고 있다

대기업이 자신들이 가진 시장 권력으로 이 영역을 재편하는 커다란 힘을 가지며 정치적 영향력을 행사하고 있다. 이러한 상황에서 갈등은 불평등한 힘의 균형 탓에 발생한다. 한편에는 농업, 농식품과 유통기업이 있고, 다른 한편에는 농민과 노동자가 있다. 이 두 집단에게 돌아가는 판매 수익의 격차가 점점 벌어지고 있으며 세계 불평등은 커지고 있다.

농업, 식품, 유통 대기업들은 농경지에서 매장의 판매대에 이르는 가치사슬 전체에 산업화를 더욱 빠르게 하고 있다. 기업들은 판매정책, 다시 말해 구매 정책으로 생산력 향상에 중점을 둔 농업을 육성했으며, 이런 농업의 시장 점유율 경쟁은 공급망의 가장 약한 구성원인 농부와 노동자에게 피해를 주며 일어나는 경우가 많다.

세계 공급망에 속한 슈퍼마켓 체인과 농식품 기업의 가격 압박은 열악한 노동 조건과 빈곤의 주요 원인일 뿐 아니라, 세계의 심각한 기후, 환경 문제와 엮여 있는 산업화한 농업이 확대되는 주원인이기도 하다. 비옥한 토양과 생물다양성의 손실, 바다의 부영양화나 기후를 해치는 온실가스 배출에 산업화한 농업의 책임이 크다. 그런데도 몇몇 영역의 진보와는 별개로 새로운 사회생태적 방향 전환은 보이지 않는다. 오히려 반대로 인권과 노동권을 지키고 환경을 보호하는 의무를 기업에게 부가하려는 구속력 있는 규정이 계속해서 좌절되고 있다. 여기에는 여러

이유가 있다. 그 가운데 한 가지는 이번 《농식품아틀라스》에서 설명하게 될 권력 구조이다. 기업의 사업 모델과 성장 전략을 정확히 파악해야 긴급한 정치적 변화를 위해 전력을 다할 수 있을 것이다.

> 초국적기업들은 농경지에서 매장 판매대에 이르는 가치사슬 전체에 산업화를 가속화하고 있다

시민들이 식량 정책에 발언권을 가져야 한다. 하지만 세계에서 민주주의적 가능성이 축소되는 현실을 경험하고 있다. 하인리히 뵐 재단이 활동하는 많은 나라에서 시민사회는 점점 강하게 검열과 위협을 당하며, 좌절하고 있다. 특히 농업과 식품 분야에서 이보다 더 나쁠 수 없는 두 가지 과정이 진행되고 있다. 한편으로는 소수 대기업이 점점 더 많은 시장점유율을 차지하고 있고, 이를 통해 세계 여러 지역에서 자신들이 원하는 환경을 만들 수 있는 권력을 얻고 있다. 다른 한편에서는 이러한 변화에 대항할 수 있는 시민사회와 사회적 운동이 점점 더 제약을 받고 있다.

바이엘(Bayer)과 몬산토(Monsanto), 다우(Dow)와 듀폰(Dupont), 신젠타(Syngenta)와 켐차이나(ChemChina) 같이 이미 알려진 종자기업과 농화학기업들의 초대형 합병은 일종의 경고음이다. 정치권과 공정거래 관련 정부 기관들은 이미 고도로 집중화된 시장에서 합병이 가져올 중요한 사회적 결과에 대해 책임 있는 태도를 가져야 한다. 전체 공급망에서 집중화가 더 심해지는 것을 막기 위해 공정거래법(경쟁법)의 개혁이 추진돼야 한다. 제초제 글리포세이트(Glyphosate) 신규 허가에 관한 지난 몇 년 동안 벌인 논쟁은 유감스럽게도 정치와 관련 제도가 얼마나 강하게 경제계의 이해와 밀접하게 얽혀 있을 수 있는지 보여줬다.

점점 더 많은 사람들이 협동조합 같은 조직을 만들어 가치사슬을 따라 다양성이 다시 나타날 수 있는 방식으로 소비하고 있다.

하지만 이것만으로는 굶주림과 가난을 끝내고 세계 환경을 보호하기에 충분하지 않다. 정치가 경제로부터 한 걸음 물러나 손을 떼는 것은 오늘날 심각한 기후위기와 환경 파괴, 지구적 불평등의 주요 원인 가운데 하나다. 따라서 지금은 정치가 농업과 식량 경제를 사회 생태적 방향을 가지고 규제해야 할 때다. 이번 《농식품아틀라스》를 통해 광범위한 사회적 논쟁을 심도 있게 이어가려 한다.

바바라 운뮈시히(Barbara Unmüßig)
하인리히 뵐 재단(Heinrich-Böll-Stiftung)

다그마르 엔켈만(Dagmar Enkelmann)
로자 룩셈부르크 재단(Rosa-Luxemburg-Stiftung)

후베르트 바이거(Hubert Weiger)
독일 분트 (Bund für Umwelt und Naturschutz Deutschland)

마리온 리저(Marion Lieser)
독일 옥스팜(Oxfam Deutschland)

클라우스 밀케(Klaus Milke)
저먼워치(Germanwatch)

바바라 바우어(Barbara Bauer)
독일판 르몽드 디플로마티크(Le Monde diplomatique, deutsche Ausgabe)

한국어판 추천사

거의 모든 도시마다 들어선 대형 마켓에 진열된 식품은 과연 믿고 먹을 수 있을까? 물론 먹을 수는 있지만 안심할 정도는 아니라는 것이 솔직한 심정이다. 식품 포장지에 적혀 있는 갖가지 수치들은 대중을 안심시키기 위한 장치이지 그 수치 아래라고 해서 안전한 것은 아니다. 대부분 식품회사들은 정부가 정한 수치에 맞춰 출하할 뿐 그 성분이 미치는 장기 영향에 대해서는 신경 쓰지 않는다. 그런데 식품은 평생 먹는 것이기 때문에 오랜 시간이 지난 뒤 미치는 영향이 대단히 중요하다.

오늘날 현대병이라고 불리는 몇몇 질환들은 식품에 들어있는 화학물질을 오랫동안 섭취한 결과인 것이 많다. 오염된 환경 속에서 안전하지 않은 식품에 둘러싸여 사는 한, 나이 들어 질병에 시달리는 것은 어찌 보면 자연스런 일이다. 사람들이 대형마켓에서 식품을 고를 때 가장 먼저 고려하는 것이 가격이고, 그 다음이 식품의 질이다. 쉽게 말해 싸고 좋은 것을 선택한다. 당연해 보이는 이 구매행위 속에 우리 건강과 지구생태계의 안전이 달려있음을 알고 마켓에 가는 사람이 과연 몇이나 될까?

식품을 생산하는 거대기업들은 '싸고 좋게' 보이려고 할 수 있는 모든 일을 다 한다. 그것은 무엇보다 노동력 착취, 농약 대량 살포, 화학물질 첨가, 유전자조작 같은 것이다. 사실 이런 일 자체도 엄청난 비용이 든다. 하지만 식품생산업자들은 그 비용을 자연과 가난한 나라에 떠넘긴다. 바로 '외부 비용'(externality)이다. 마켓 진열장에 있는 상품 가격은 쌀지 몰라도 그로 인한 사회적 생태적 비용은 어마어마하다. 우리가 싸고 좋은 식품을 사는 동안 지구와 사회가 망가지는 이유다.

《농식품아틀라스》는 세계에 걸쳐 유통되는 농식품 실태와 이로부터 이윤을 짜내기 위해 합종연횡을 거듭하는 거대기업들의 합병 행위를 한눈에 보여준다. 이미 충분히 거대한 기업들이 왜 합병을 통해 자꾸 더 거대해지는지, 그것이 우리 가계부와 지구생태계에 어떤 영향을 끼치는지 알아둘 필요가 있다.

초국적 기업 앞에 장바구니 하나 들고 선 소비자 한 명이 할 수 있는 일이 있을까? 어쩌면 내용을 알게 되면 더 주눅들 수도 있다. 하지만 희망은 있다. '연대'와 '선택'이다. 직접 생산자인 농민과 연대하고, 거대기업의 거짓 선전에 속지 않는 소비자의 현명한 선택은 나를 살리고 지구도 살릴 수 있다.

황대권 생태운동가, <작은것이 아름답다> 편집위원

기후위기에 대한 경고가 지구촌 도처에서 들리고 있다. 먹거리에 대한 불안도 그만큼 높아지고 있다. 신냉전시대에 접어들면서 먹거리가 정치 수단으로 이용되는 사례도 빈발하고 있다.

우리는 먹거리를 생산하는 주체로 농민들을 떠올리지만, 먹거리가 생산돼 우리 밥상에 오르기까지 과정을 꼼꼼하게 살펴보면 단계마다 거대 기업이 지배하고 있는 것을 확인하게 된다. 국가와 국제기구 정책과 협약도 이러한 구조를 만들어 내는데 일조하고 있다.

세계 곳곳에서 오랫동안 농민들이 경작해 온 농지가 개발이라는 이름으로 훼손되고, 특히 저개발국가 밀림지대와 원주민 경작지가 거대 농기업의 플랜테이션으로 대체되고 있다. 인류 공동 유산인 종자도 특허라는 '합법'의 경로로 거대 농기업이 이윤을 얻기 위한 수단이 돼버렸다. 아울러 과학의 이름으로 가축과 작물 유전자조작과 유전자 편집 기술로 우리 농업과 먹거리를 위태롭게 하고 있다.

《농식품아틀라스》는 세계화 흐름 속에서 땅, 물, 종자와 같이 농업에 필요한 자연자원뿐만 아니라 먹거리의 가공, 유통, 무역이 어떻게 거대 초국적 기업의 수중에 들어가게 되었는지, 그리고 그 실상은 어떠한지를 낱낱이 보여주고 있다.

《농식품아틀라스》는 기후위기와 농업위기, 먹거리 위기는 모든 사람의 생활을 위협하지만, 거대 농기업은 더 많은 이윤을 만들어 낼 수 있는 기회로 삼을 것이며, 거대 농기업이 스스로 만든 위기를 자신들이 해결할 수 있다는 주장이 얼마나 허구로 가득 차 있는지 밝히고 있다. 그럼에도 거대 농기업의 거대한 프로젝트는 계속 진행될 것이라는 전망과 함께, 우리는 어떻게 대응해야 할 것인가에 대한 단초들도 담고 있다.

농업과 먹거리가 단순히 밥상의 문제가 아니라, 인권과 생태 문제와도 연결된 것을 갖가지 자료를 통해 보여주고 있는《농식품아틀라스》가 우리 농업과 먹거리 문제를 되돌아보고 대안을 만드는 실천에 함께 참여하는 계기로 연결될 수 있기를 기대한다.

윤병선 건국대 경제통상학과 교수

색인
세계 농식품기업 지도

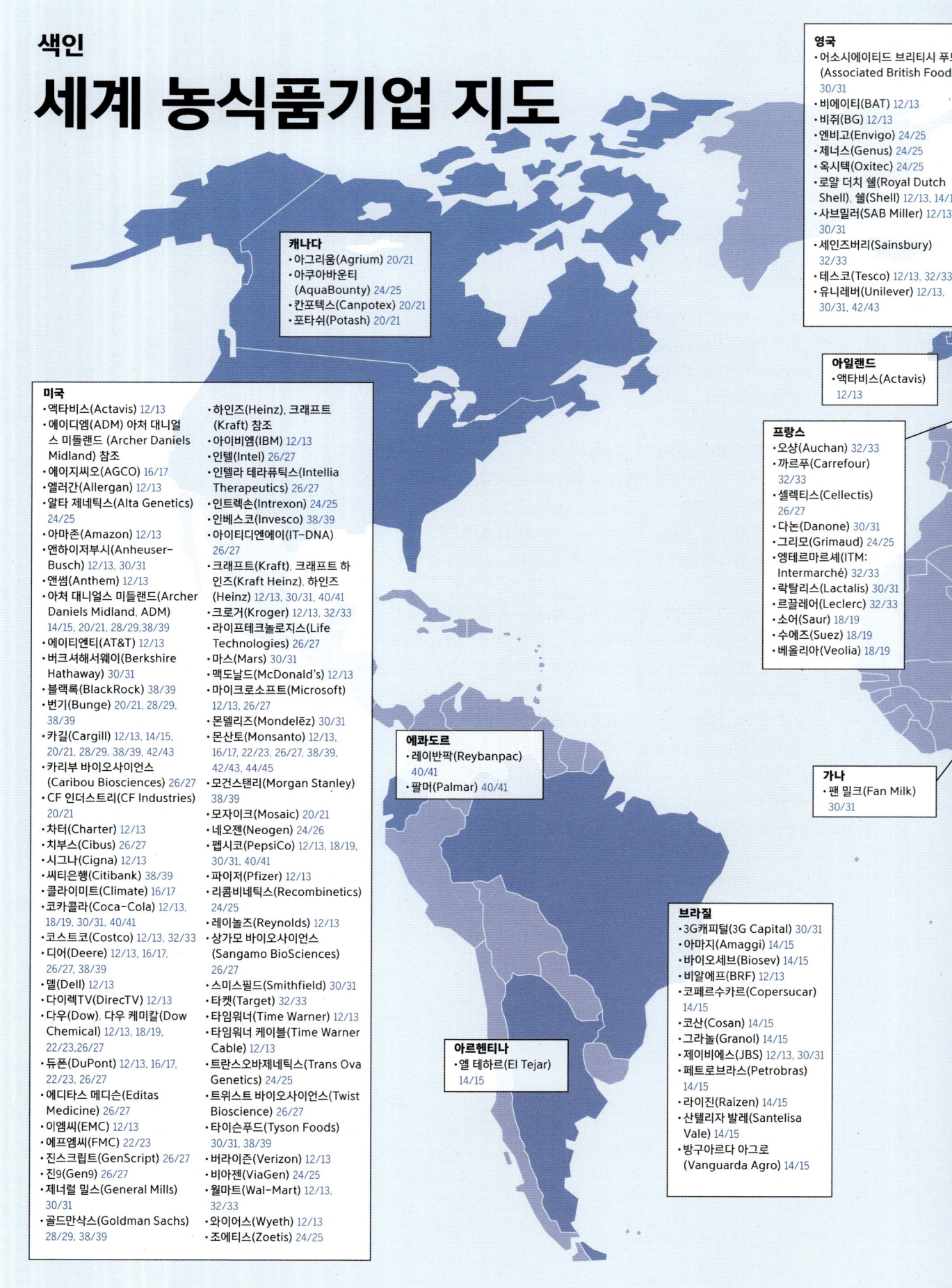

캐나다
- 아그리움(Agrium) 20/21
- 아쿠아바운티(AquaBounty) 24/25
- 칸포텍스(Canpotex) 20/21
- 포타쉬(Potash) 20/21

미국
- 액타비스(Actavis) 12/13
- 에이디엠(ADM) 아처 대니얼스 미들랜드(Archer Daniels Midland) 참조
- 에이지씨오(AGCO) 16/17
- 앨러간(Allergan) 12/13
- 알타 제네틱스(Alta Genetics) 24/25
- 아마존(Amazon) 12/13
- 앤하이저부시(Anheuser-Busch) 12/13, 30/31
- 앤썸(Anthem) 12/13
- 아처 대니얼스 미들랜드(Archer Daniels Midland, ADM) 14/15, 20/21, 28/29, 38/39
- 에이티엔티(AT&T) 12/13
- 버크셔해서웨이(Berkshire Hathaway) 30/31
- 블랙록(BlackRock) 38/39
- 번기(Bunge) 20/21, 28/29, 38/39
- 카길(Cargill) 12/13, 14/15, 20/21, 28/29, 38/39, 42/43
- 카리부 바이오사이언스(Caribou Biosciences) 26/27
- CF 인더스트리(CF Industries) 20/21
- 차터(Charter) 12/13
- 치부스(Cibus) 26/27
- 시그나(Cigna) 12/13
- 씨티은행(Citibank) 38/39
- 클라이미트(Climate) 16/17
- 코카콜라(Coca-Cola) 12/13, 18/19, 30/31, 40/41
- 코스트코(Costco) 12/13, 32/33
- 디어(Deere) 12/13, 16/17, 26/27, 38/39
- 델(Dell) 12/13
- 다이렉TV(DirecTV) 12/13
- 다우(Dow), 다우 케미칼(Dow Chemical) 12/13, 18/19, 22/23, 26/27
- 듀폰(DuPont) 12/13, 16/17, 22/23, 26/27
- 에디타스 메디슨(Editas Medicine) 26/27
- 이엠씨(EMC) 12/13
- 에프엠씨(FMC) 22/23
- 진스크립트(GenScript) 26/27
- 진9(Gen9) 26/27
- 제너럴 밀스(General Mills) 30/31
- 골드만삭스(Goldman Sachs) 28/29, 38/39
- 하인즈(Heinz), 크래프트(Kraft) 참조
- 아이비엠(IBM) 12/13
- 인텔(Intel) 26/27
- 인텔라 테라퓨틱스(Intellia Therapeutics) 26/27
- 인트렉손(Intrexon) 24/25
- 인베스코(Invesco) 38/39
- 아이티디엔에이(IT-DNA) 26/27
- 크래프트(Kraft), 크래프트 하인즈(Kraft Heinz), 하인즈(Heinz) 12/13, 30/31, 40/41
- 크로거(Kroger) 12/13, 32/33
- 라이프테크놀로지스(Life Technologies) 26/27
- 마스(Mars) 30/31
- 맥도날드(McDonald's) 12/13
- 마이크로소프트(Microsoft) 12/13, 26/27
- 몬델리즈(Mondelēz) 30/31
- 몬산토(Monsanto) 12/13, 16/17, 22/23, 26/27, 38/39, 42/43, 44/45
- 모건스탠리(Morgan Stanley) 38/39
- 모자이크(Mosaic) 20/21
- 네오젠(Neogen) 24/26
- 펩시코(PepsiCo) 12/13, 18/19, 30/31, 40/41
- 파이저(Pfizer) 12/13
- 리콤비네틱스(Recombinetics) 24/25
- 레이놀즈(Reynolds) 12/13
- 상가모 바이오사이언스(Sangamo Biosciences) 26/27
- 스미스필드(Smithfield) 30/31
- 타겟(Target) 32/33
- 타임워너(Time Warner) 12/13
- 타임워너 케이블(Time Warner Cable) 12/13
- 트랜스오바제네틱스(Trans Ova Genetics) 24/25
- 트위스트 바이오사이언스(Twist Bioscience) 26/27
- 타이슨푸드(Tyson Foods) 30/31, 38/39
- 버라이즌(Verizon) 12/13
- 비아젠(ViaGen) 24/25
- 월마트(Wal-Mart) 12/13, 32/33
- 와이어스(Wyeth) 12/13
- 조에티스(Zoetis) 24/25

영국
- 어소시에이티드 브리티시 푸드(Associated British Foods) 30/31
- 비에이티(BAT) 12/13
- 비쥐(BG) 12/13
- 엔비고(Envigo) 24/25
- 제너스(Genus) 24/25
- 옥시텍(Oxitec) 24/25
- 로얄 더치 쉘(Royal Dutch Shell), 쉘(Shell) 12/13, 14/15
- 사브밀러(SAB Miller) 12/13, 30/31
- 세인즈버리(Sainsbury) 32/33
- 테스코(Tesco) 12/13, 32/33
- 유니레버(Unilever) 12/13, 30/31, 42/43

아일랜드
- 액타비스(Actavis) 12/13

프랑스
- 오샹(Auchan) 32/33
- 까르푸(Carrefour) 32/33
- 셀렉티스(Cellectis) 26/27
- 다논(Danone) 30/31
- 그리모(Grimaud) 24/25
- 엥테르마르셰(ITM: Intermarché) 32/33
- 락탈리스(Lactalis) 30/31
- 르끌레어(Leclerc) 32/33
- 소어(Saur) 18/19
- 수에즈(Suez) 18/19
- 베올리아(Veolia) 18/19

가나
- 팬 밀크(Fan Milk) 30/31

에콰도르
- 레이반팍(Reybanpac) 40/41
- 팔머(Palmar) 40/41

아르헨티나
- 엘 테하르(El Tejar) 14/15

브라질
- 3G캐피털(3G Capital) 30/31
- 아마지(Amaggi) 14/15
- 바이오세브(Biosev) 14/15
- 비알에프(BRF) 12/13
- 코페르수카르(Copersucar) 14/15
- 코산(Cosan) 14/15
- 그라놀(Granol) 14/15
- 제이비에스(JBS) 12/13, 30/31
- 페트로브라스(Petrobras) 14/15
- 라이진(Raízen) 14/15
- 산텔리자 발레(Santelisa Vale) 14/15
- 방구아르다 아그로(Vanguarda Agro) 14/15

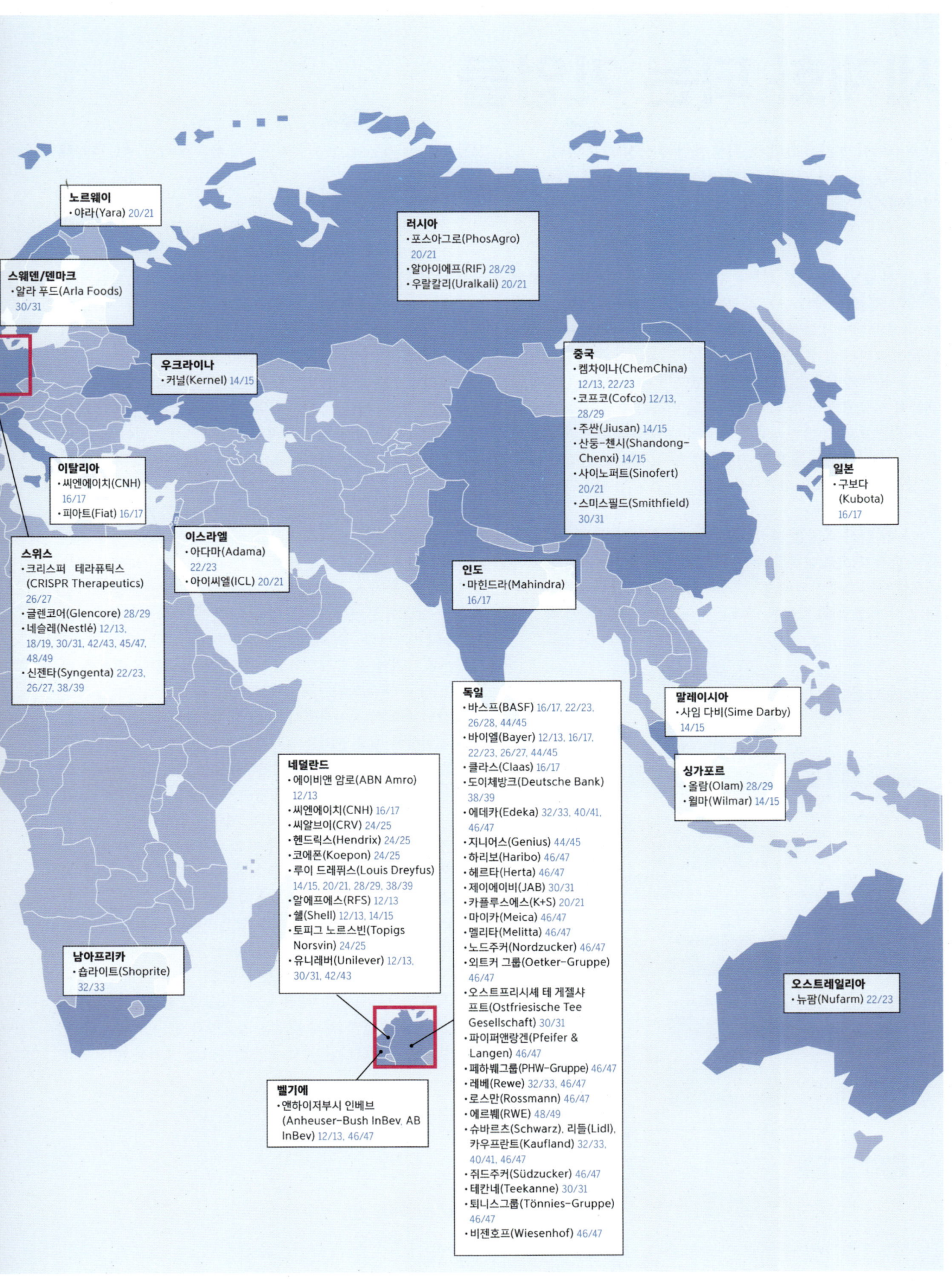

역사

세계화 되는 기업들

보호주의인가 자유화인가. 식품산업이 성장하고 있다.
기업들은 공급망 전체를 아우르는 합병으로 점점
거대해지고 있다.

세계 규모의 농식품 생산은 19세기 후반 영국에서 발달하기 시작했다. 당시 영국은 세계를 이끄는 권력을 가지고 있었다. 국제 무대에서 활동해 온 최초 농업 회사들은 다양한 조건이 만들어 지면서 더 큰 힘을 얻었다.

농장에서 노동은 기계로 대체됐으며, 새로운 종류의 화학제품이 시장에 등장했다. 배와 기차를 이용한 수송이 놀라울 정도로 발전했고, 농산품 보관과 저장이 더 수월해졌다. 게다가 자유무역 정책이 장벽을 허물었다. 씨앗을 심기도 전에 추수 예정인 상품을 팔 수 있는 선물시장이 발달하면서 부족한 자본 문제를 극복할 수 있었다.

농업 생산 과정을 중심으로 본다면 기존 농기업은 크게 상류와 하류 단계로 분류할 수 있다. 상류 단계에선 농기계와 화학비료를 유럽 명문가의 대농장과 북아메리카와 남아메리카의 거대 농장에 공급했다. 하류 단계는 무역과 1차 가공, 특히 숙성과 보관을 위한 가공에 종사하며 식품과 음료를 직접 생산하는데 중점을 뒀다.

품종 교배 기술이 발전하고 작물 종이 다양해지면서 1930년대 특정 품종 가축과 씨앗을 생산하는 기업이 등장했다. 식품 소매업은 미국에서 1950년대까지, 유럽은 1960년대까지 한 지역에서 가족 사업으로 운영됐다. 그러다가 셀프서비스(점원 없이 손님이 판매대에서 물건을 직접 고르고 바구니에 담는 방식. 점원수를 줄여 상품가격을 낮췄다.*편집자 주) 방식의 슈퍼마켓 체인점이 생겼다.

20세기 전반 보호주의가 등장하고 무역이 쇠퇴하면서 미국과 유럽의 거대 기업들이 나타났다. 이들은 물건을 수출만 하는 것이 아니라 나라밖에 직접 투자하면서 초국적 기업이 됐다. 소수가 결정권을 가지는 과점이 공급망 체계의 여러 분야에서 생겨났다.

이런 과정은 2차 세계대전 뒤 미국이 유럽의 재건 프로젝트를 주도하면서 빠르게 자리 잡았고 패스트푸드, 스낵, 음료 같은 완전히 새로운 식품군이 등장하며 강화됐다. 생산 과정의 상류 단계에 있는 농기계, 농화학기업들은 새롭게 등장한 종자 산업과 함께 농업의 산업화를 이끌었다. 식량 원조와 녹색혁명은 이 기업들이 아시아와 라틴아메리카로 확장하는 것을 도왔다.

전후 시대의 경제 성장과 소득 증가는 식생활에 변화를 가져왔다. 더 다양한 먹거리가 식탁에 올랐다. 엥겔 법칙이 말하는 바와 같이 소득이 증가하면서 식품에 지출하는 돈의 비율은 줄었다. 기업들은 매출 이익을 늘리려고 값이 더 비싼 제품을 새로 출시했고 마케팅에 투자했다. 대형마트들이 지역에서 오래된 작은 식품가게들을 밀어냈다. 공급망에서 뒤로는 생산자에게, 앞으로는 소비자에게 영향력을 미치는 거대한 소매기업이 생긴 것이다. 건강에 대한 염려와 체력에 대한 욕구는 채소, 과일, 생선과 같은 신선 제품에 대한 수요를 부추겼다. 대형 소매기업은 이런 제품들을 직접 관리하며 체계를 갖춰 나갔다.

농식품을 생산해 온 초국적 기업은 1980년대부터 몇몇 나라만이 아니라 세계 시장에서 활동하는 글로벌 기업으로 변하기 시작했다. 시장 자유화는 관세나 무역장벽 같은 개발도상국의 통제권을 무너뜨렸다. 대형 소매기업들은 신선품을 남반구 국가로부터 공급받기 위해 새로운 공급망을 만들었다. 또한 거대 개발도상국에 나타난 신흥 중산층 수요를 고려해 해당 국가

기업들의 활동 영역
농식품 산업의 주요 사업 분야에 대한 도표

정보: 날씨, 거래 시장, 농장 경영

밭에서 식탁까지 오는 길은 멀다.
농민들은 이 길에서
가장 약한 고리이다

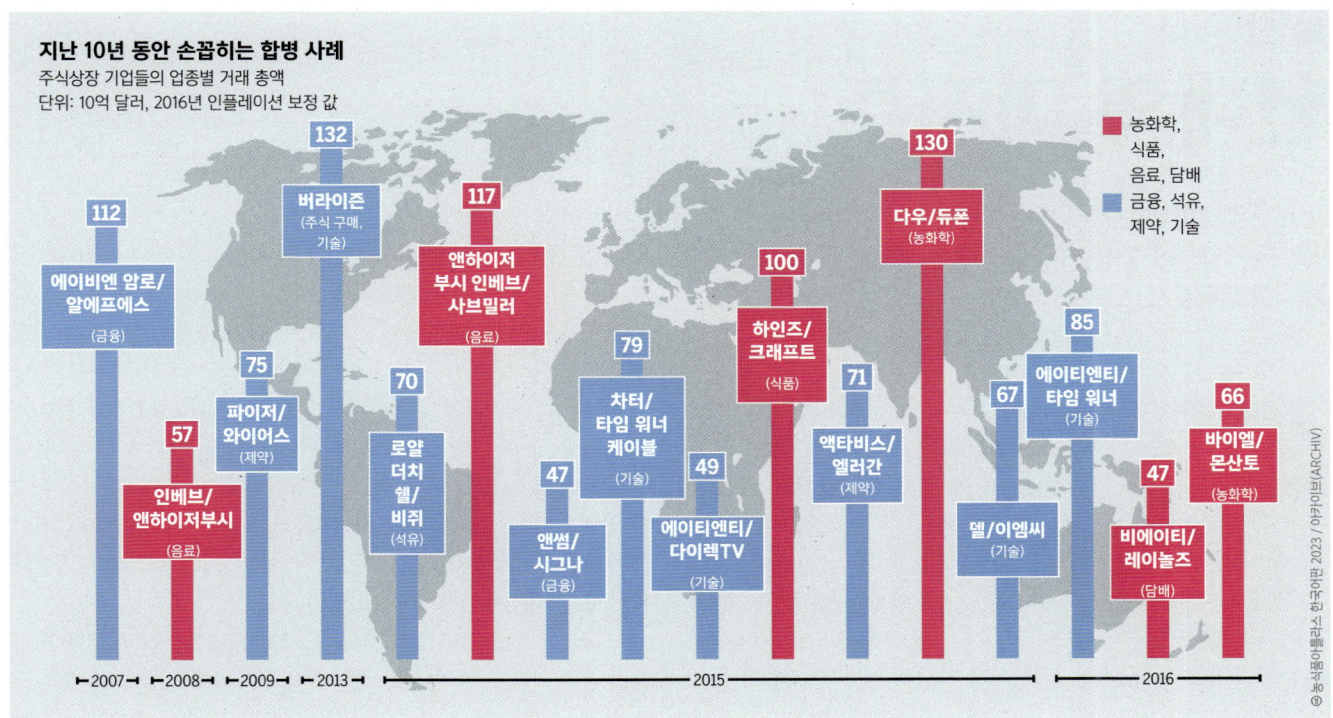

로 세력을 확장했다.

오늘날은 소수 초국적 기업이 세계 농업과 식품 소비경향을 결정한다. 이 기업들은 유독 수명이 길다. 오늘날 이 업종을 주도하는 기업 대부분은 현대 식품 공급 체계가 처음 만들어진 시기부터 활동했다. 카길(Cargill), 디어(Deere), 유니레버(Unilever), 네슬레(Nestlé), 맥도날드(McDonald's), 코카콜라(Coca-Cola)가 이런 기업에 속한다. 금융자본과 생명공학의 성장은 1980년대부터 인수와 합병을 이끌었다. 그 뒤 농업과 식품 분야는 근본 구조가 빠르게 바뀌었다.

지난 20년 식품산업의 중심은 남반구 국가와 아시아, 특히 중국으로 이동했다. 새로운 초국적 기업들이 생겨나고 있다. 브라질 기업 제이비에스(JBS)와 비알에프(BRF)는 현재 육류 분야에서 세계를 주도하는 기업으로 미국의 거대 생산업체까지 사들였다. 국제 무역이 다시 보호주의로 주춤하는 동안 켐차이나(ChemChina)와 코프코(Cofco) 같은 중국의 종자 기업들은 세계의 기업들을 인수했다.

동시에 디지털 혁명과 생명공학은 식품산업 분야를 재정의하고 있다. 이제 다른 경제 분야의 기업들이 이 분야에 등장하게 될 것이다. 빅데이터와 지능형 차량은 농업과 식품 소매업을 아이비엠(IBM), 마이크로소프트(Microsoft), 아마존(Amazon)이 탐낼 만한 사업으로 만들고 있다.

농식품 산업의 합병은 다른 산업 분야처럼 거대 자본을 움직이게 한다

식품산업은 지금까지 자신의 사업이 외부에 미친 영향에 대해 책임 지지 않았다. 이들 업종은 이제 빈곤, 기후변화, 지속가능성, 건강, 정의 같은 주제 또한 다뤄야만 한다. 이 문제들은 사회 운동, 국제 협약과 시민사회단체를 통해 드러났다. 이들은 초국적 기업이 지난 수십 년 동안 유지한 방식을 버리고 새로운 생산 표준, 광고 활동, 구매 관행을 마련하도록 기업을 압박하고 있다. ●

농산품 제조와 유통 분야 선두 5대 기업 가운데 브라질 육류 기업, 단 한 업체만 개발도상국 기업이다

플랜테이션
현대의 대지주

남반구에서 거대한 경작지를 매입하거나 임차하는 새로운 기업들이 등장했다. 그곳에서 산업화된 농업을 위한 단일재배가 이뤄지고 있다.

20세기 말부터 세계에서 팜유, 옥수수, 사탕수수, 대두를 경작하는 면적이 급속도로 늘고 있다. 이 4개 작물은 식량뿐만 아니라 사료, 바이오 연료, 다른 산업의 원자재로 사용된다. 다양하게 이용할 수 있어서 이 작물들에는 '혼합용도 작물(Flexcrops)'이란 공동 이름이 생겨났다.

팜유 생산과 가공은 아시아 신흥 공업국가들의 부상과 밀접한 연관이 있다. 말레이시아, 싱가포르, 인도네시아 기업들이 시장을 장악하고 있다. 이들 기업은 서구 산업에 원자재를 공급하기하지만 자기 나라의 거대한 수요도 책임진다.

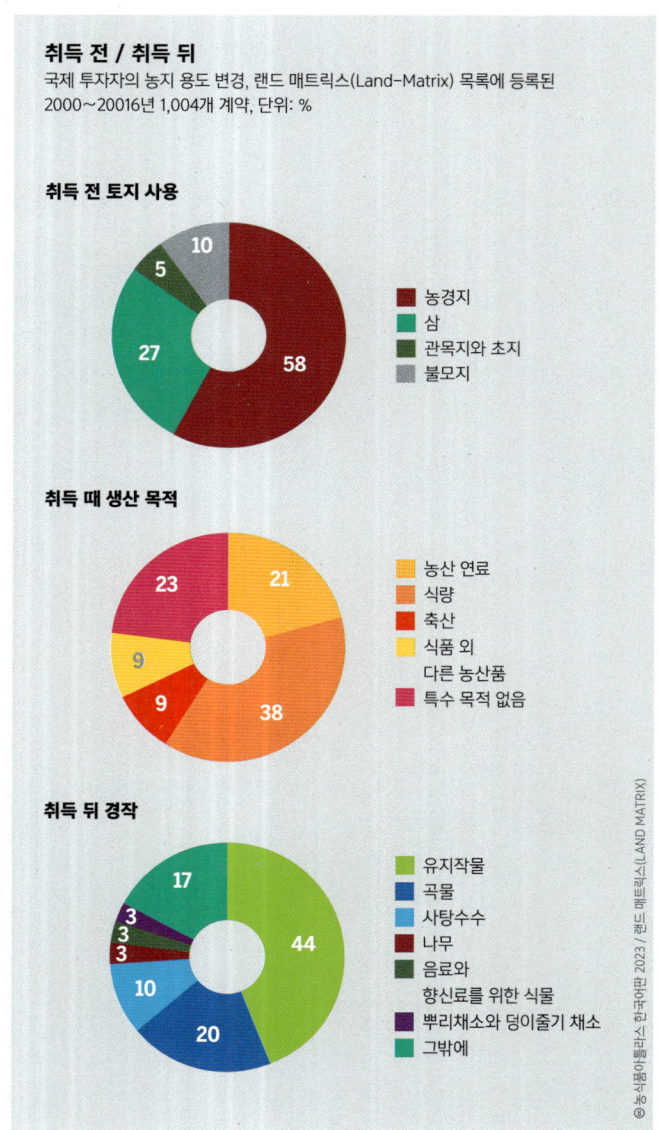

말레이시아 국영기업 사임다비(Sime Darby)는 영국 식민지 시절 기업들을 국유화하면서 만들어졌다. 처음은 인도네시아와 파푸아뉴기니로 사업을 확장했고, 지금은 라이베리아와 카메룬에서도 사업 영역을 넓히고 있다. 거의 100만 헥타르정도 땅을 지배한다. 싱가포르 기업 윌마(Wilmar)는 20만 헥타르가 넘는 팜유 농장을 경영한다. 특히 말레이시아와 인도네시아의 팜유 농장이 크다. 또한 가공업 일부도 이 기업 손안에 있다. 윌마는 세계에서 가장 큰 식용유 생산 기업이다. 윌마의 과반 주주이자 억만장자인 로버트 퀵은 '식용유의 왕'으로 불린다. 인도네시아에서는 10만 헥타르 넘는 땅이 시나르마스(Sinar Mas)기업의 위자야(Widjaja) 가족 소유다.

설탕도 생산 구조가 비슷하다. 브라질에서는 브라질 자본과 서구 곡물 기업으로 이뤄진 7개 합작 투자사가 제당소를 50퍼센트 넘게 지배한다. 브라질 자본은 대부분 가족소유기업들이 결합해 축적한 것이다. 이는 그들이 소유한 대토지에서 비롯됐다. 예를 들어 코페르수카르(Copersucar)는 자신들이 소유한 제당소 47개와 계약 맺은 제당소 50개를 관리한다. 코페르수카르는 2014년 미국의 농기업 카길(Cargill)과 합작 투자를 맺었다. 라이진(Raízen)은 브라질의 코산(Cosan) 기업과 다국적 석유 기업 쉘(Shell)의 합작투자회사다. 바이오세브(Biosev)는 산텔리자 발레와 카길의 경쟁 기업인 루이 드레퓌스(Louis Dreyfus)가 합작 투자한 회사다. 설탕 원료 플랜테이션이 세계 여러 지역으로 확산하는 추세지만, 특히 브라질에서 가장 가파르게 늘었다. 2005년과 2013년 사이 사탕수수 경작 면적이 500만 헥타르에서 1,000만 헥타르로 두 배나 늘었다.

팜유나 사탕수수와는 다르게 거대 대두 농기업은 대체로 경작에 집중하고 있다. 아르헨티나 기업 엘 테하르(El Tejar)는 브라질, 아르헨티나, 파라과이, 볼리비아, 우루과이에서 임차 농업과 계약 농업으로 70만 헥타르를 지배한다. 가장 중요한 기업은 아마지(Amaggi)인데, 직접 소유한 22만 헥타르에서 콩을 생산한다. 아마지의 대표인 블레로 마기는 브라질 마투그로수(Mato Grosso)주의 주지사다.

국영 기업 페트로브라스(Petrobras), 민간 기업 방구아르다 아그로와 그라놀 같은 브라질 기업들은 유지작물(오일시드)로 사료와 바이오 디젤을 만드는 사업을 운영하며 다른 나라 기업과 경쟁한다. 아처 대니얼스 미들랜드(Archer Daniels Midland)나 카길 같은 서구 곡물 무역업체들, 가장 중요한 수입국인 중국

농지를 산업과 가축 사육을 위해 용도 변경하면 지역과 나라 전체 식량안보를 위협한다

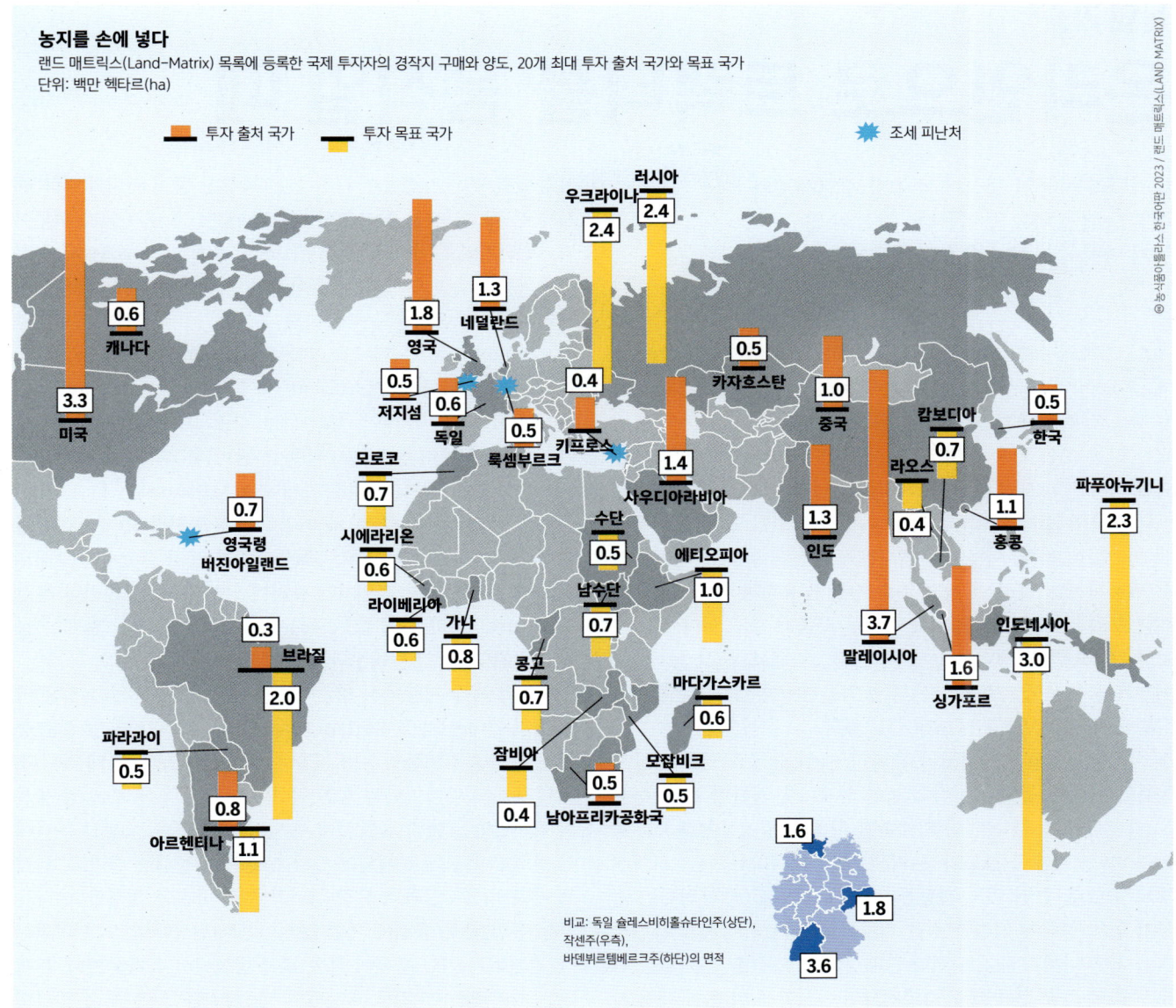

농지를 손에 넣다
랜드 매트릭스(Land-Matrix) 목록에 등록한 국제 투자자의 경작지 구매와 양도, 20개 최대 투자 출처 국가와 목표 국가
단위: 백만 헥타르(ha)

동유럽, 남미, 동남아시아, 아프리카에서 세계 시장용 제품을 생산하기 위해 농경지를 활발하게 인수하고 있다

국영 기업 주싼(Jiusan)이나 민간 기업 산둥-첸시(Shandong-Chenxi)같은 수입업체들이 이들의 경쟁자다.

옥수수 핵심 경작 지역은 뒤섞여 있다. 미국 중서부 지역은 옥수수로 에탄올을 만들기 시작하면서 지난 20년 동안 옥수수 생산이 끊임없이 늘었다. 주로 가족소유기업이 첨단 기술을 사용하여 약 4,000만 헥타르에서 옥수수를 경작한다.

그렇지만 미국 생산자들은 점점 더 동유럽(우크라이나, 러시아, 카자흐스탄) 농기업과 경쟁하고 있다. 세 번째로 큰 옥수수 수출국인 우크라이나는 10개 기업이 280만 헥타르로, 우크라이나 농토의 절반을 관리한다. 커널(Kernel)그룹은 서유럽 금융자본으로 농지 약 40만 헥타르를 운영한다. 커널은 우크라이나에서 가장 큰 곡물 생산자이며 러시아에서는 세 번째로 크다. 우크라이나 사례는 농기업이 개발도상국 경제 성장의 구성 요소라는 것을 보여준다.

농기업들은 거대 농지와 저임금 노동력, 최신 기술을 적용해 성장해 왔다. 대부분 가족 소유이며 외부 간섭 없이 불투명하게 운영된다. 몇몇 기업은 자기 주식 비율이 높은 상태다. 많지 않지만 국영 기업도 있다. 식민지 시절과 비슷한 노동 조건, 노동 성과에 따른 급여, 형편없는 노동자 보호는 설탕과 팜유 플랜테이션에서 일하는 노동자에게 해를 입히고 있다. 많은 기업이 토지 수탈 때문에 비판 받고 있다.

국가는 혼합용도 작물 산업에서 중심 역할을 한다. 국유지 매각이나 임차, 교통 기반시설을 위한 재정 조달은 정치적 결정에 달려 있다. 생산과 가공시설이 정부 보조금을 받는 경우도 흔하다. 또한 바이오 연료의 혼합 사용에 일정한 비율을 할당해 수요를 늘리고, 이를 통해 기업들의 매출과 수익은 증가한다.

플랜테이션 기업들은 막강한 자본을 가진 현대식 농업-지주회사다. 이들은 또 다른 복합기업의 일부다. 여러 나라 시장을 겨냥해 혼합용도 작물을 생산하며, 세계 여러 지역에서 산업화를 위한 농업의 구조조정을 가속화하고 앞장서고 있다. 이는 단지 과거 식민지 시대의 유물이 아니다. ●

농업 기술
온라인으로 트랙터를 움직일 때

디지털화는 농업 생산에서 농장 경영체계와 정밀 농업을 하도록 이끈다. 자본이 많고 농지 면적이 넓어야 유용하다.

농기계와 농업 기술 시장은 거대하다. 2013년은 매출이 약 1,370억 달러에 달해 업계 사상 최고의 해였다. 그 뒤로는 트랙터, 건초 압축기, 착유기, 사료 배급 장치와 농업 분야에 필요한 다른 모든 기술 장비 판매가 줄었다. 2015년 매출은 1,120억 달러였다. 다시 호황이 올지는 알 수 없다.

이 분야 경기가 후퇴한 데는 다양한 원인이 있다. 농산품은 대체로 값이 싸다. 이것이 증권시장에서 흔히 말하는 투자심리를 위축시킨다. 가장 큰 농업 기술 시장인 유럽과 북아메리카는 이미 포화 상태다. 농업경영체 숫자는 꾸준히 줄고 있다. 독일을 보면 2030년까지 해마다 농업경영체는 3퍼센트, 축산 농가는 4퍼센트 줄어들 것으로 내다본다. 농업용지 또한 줄고 있다. 이런 상황에서 정부 보조금은 되레 줄고 있다.

하지만 새로운 시장도 존재한다. 특히 중국과 인도 시장이 돋보인다. 중국 농업은 국가의 농업 정책이 규정한다. 중국 정부는 지난 15년 동안 농업의 기계화를 강하게 밀어붙였다. 그 결과 2005년 기계화 정도가 34퍼센트였는데 2014년에는 61퍼센트로 늘었다. 반면 인도 시장은 아직 덜 발달됐다. 산업계는 정부가 농업 정책에 적절한 길을 터주기를 바란다. 농기계 생산자들은 2020년까지 세계 트랙터 판매량 가운데 절반 넘는 양을 이 두 나라에 팔고 싶어 했다. 그렇게되면 아시아는 이 분야 세계 시장의 40퍼센트 넘게 차지하게 된다.

몇몇 소수 기업이 시장 대부분을 나눠 가지고 있다. 이것이 가능했던 것은 자신들이 가진 힘을 확장한 탓이 아니라, 계속해서 작은 제조업체들을 사들이며 자기 브랜드를 유지했기 때문이다. 미국 기업 디어 앤드 컴퍼니(Deere & Company)는 세계 시장을 주도하는 기업이며, 핵심 상표인 존 디어(John Deere)로 잘 알려져 있다. 네덜란드에 본사를 둔 씨앤에이치 인더스트리얼(CNH Industrial)은 피아트 그룹(Fiat group)에 속하며 상표 12개를 가지고 있다. 케이스(Case), 뉴홀랜드(New-Holland), 슈타이어(Steyer), 마기루스(Magirus), 이베코(Iveco)가 여기 속한다. 3위 기업 에이지씨오(AGCO)는 글리너(Gleaner), 도이츠파(Deutz-Fahr), 펜트(Fendt), 마세이 퍼거슨(Massey Ferguson)을 상표로 가지고 있다. 이 세 기업이 농기술 시장 50퍼센트를 넘게 차지한다. 디어(Deere)는 최근 판매가 많이 줄었지만 그래도 2015년 전체 매출이 2,900만 달러에 달했다. 이는 여전히 몬산토(Monsanto)와 바이엘(Bayer)이 종자와 살충제를 판매한 금액을 합친 2,500만 달러보다 많은 금액이다.

농업 기술 시장에서 기업이 통합하는 경향만 있는 것은 아니다. 독일에서 '농업 4.0(Landwirtschaft 4.0)'이라고 부르는 농업 생산의 디지털화도 농업 기술 시장의 큰 경향 가운데 하나다. 농업 생산의 디지털화는 점점 현실이 되고 있다. 물론 농업 생산의 디지털화는 아직 출발점에 서 있다. 하지만 모든 생산 분야에서 변화가 빠르게 진행되고 있다. 드론이 살충제를 뿌리고, 센서로 가축의 움직임과 우유량 그리고 사료 비율을 측정한다. 착유하는 동안 우유 품질에 대한 분석이 실시간 온라인으로 이뤄진다. 과거에는 이런 분석이 착유 뒤 실험실에서나 가능했다. 트랙터는 지피에스(GPS)로 조정한다. 애플리케이션은 무선 인터넷으로 파종 기계와 정보를 교환하며 가장 적절한 파종 시기와 작물 간격을 위해 토질 관련 정보를 알려준다. 디지털화 또는 정밀 농업은 모든 과정을 최적화해 비용과 자원을 아끼고 수익을 최대한 늘리기 위한 것이다. 정보통신기술은 농작물 정보와 토질, 날씨에 대한 정보를 교환할 수 있고, 농부들은 '디지털 농장 경영 체계'를 통해 결정을 내릴 수 있다.

완전히 새로운 시장이 거대한 농기업들에게 열린 것이다. 지난 몇 년 동안 진행된 인수와 합작 투자는 이미 이러한 추세를 보여준다. 2014년 에이지씨오(AGCO)와 농약 제조사인 듀폰(DuPont)은 데이터 전송 협력 사업을 발표했다. 같은 해 몬산토의 클라이밋 코퍼레이션과 씨엔에이치는 새로운 정밀 식재 기술

농기계 매출 상위 6개 기업
2016년 매출 상위 기업들 본사

■ 주식회사   ■ 개인/가족소유기업

① 디어
② 씨엔에이치
③ 에이지씨오
④ 구보다
⑤ 클라스
⑥ 마힌드라

일부 영향력 있는 제조 기업들만 제품을 자기 이름으로 판매한다. 다른 생산업체들은 제품을 여러 가지 다른 상표로 판매한다

무거운 기계, 가벼운 시장
식량 가격 하락과 농업 설비 판매 감소

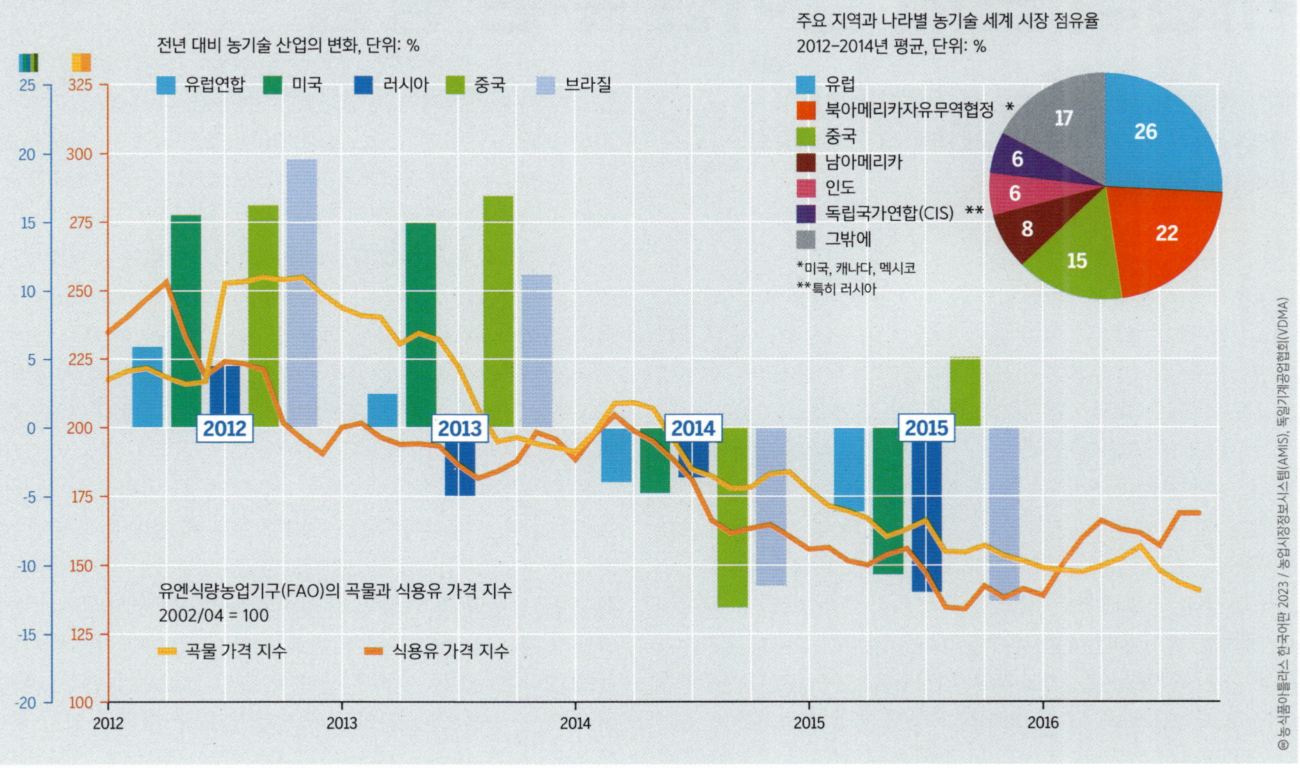

전년 대비 농기술 산업의 변화, 단위: %
유럽연합
미국
러시아
중국
브라질
2012
2013
2014
2015
2016
유엔식량농업기구(FAO)의 곡물과 식용유 가격 지수
2002/04 = 100
곡물 가격 지수
식용유 가격 지수
주요 지역과 나라별 농기술 세계 시장 점유율
2012-2014년 평균, 단위: %
유럽
북아메리카자유무역협정 *
중국
남아메리카
인도
독립국가연합(CIS) **
그밖에
*미국, 캐나다, 멕시코
**특히 러시아
26
22
15
8
6
6
17
ⓒ농식품아틀라스 한국어판 2023 / 농업시장정보시스템(AMIS), 독일기계공업협회(VDMA)

농업 기술 시장의 경기 침체는 2018년 뒤로도 계속될 것으로 보인다. 어떤 기업도 위기에 대해 말하지 않는다. 약하게 보이지 않기 위해서다

개발 협약을 맺었다. 일 년 뒤 디어(Deere)와 클라이밋 코퍼레이션은 디어 농장 경영체계가 온라인에서 거대 데이터에 접근할 수 있는 장비 개발에 합의했다. 같은 시기 에이지씨오, 화학기업 바스프(BASF), 몬산토는 이와 경쟁하는 농장 경영체계를 개발하기 위해 협력 관계를 맺었다. 2016년 씨엔에이치는 자율 주행 트랙터를 선보였다. 이 트랙터는 센서로 조종되며 운전석이 없다.

농업의 디지털화는 기후보호에 대한 희망이 결합돼 있다. 센서는 토양의 탄소 함유량을 산출할 수 있게 해준다. 농업경영체는 탄소 배출권 거래를 통해 토양 탄소 함유량을 보상받을 수 있다. 하지만 환경문제들을 해결하지 않은 채, 농업이 이렇게 보다 광범위하고 산업화된 방향으로 가는 길은 더욱 굳어지고 있다. 자본이 적은 전통 농가, 더욱이 남반구 국가에서는 이런 비싼 농기계가 이익을 내는데 별 도움이 되지 않는다. '성장이 아니면 퇴출'이라는 구호는 미래에 '디지털화 아니면 퇴출'이 될 것이다. 구조는 점점 빠르게 변할 것이다. 이는 노동력의 해고를 뜻한다.

농업경영체는 농기업에 점점 더 의존하고 있다. 에이지씨오는 미래에 디어, 클라스(Claas)와 컨소시엄을 맺기 기대한다. 미국의 비정부 기구 이티씨(ETC)그룹은 농업 기술 기업들이 자신들이 가진 자본 권력으로 공급망 상류 단계인 종자와 농약 분야도 인수할 것이라고 내다봤다. 그러고 나면 그들은 우리 식량에 대해 지금보다 더 큰 권력을 갖게 될 것이다.

전문 매체들은 농기계 시장의 선두주자인 디어(Deere)를 따라잡기 위해 제조 기업들이 다른 경쟁 업체들을 인수할 것이라고 공공연히 내다봤다

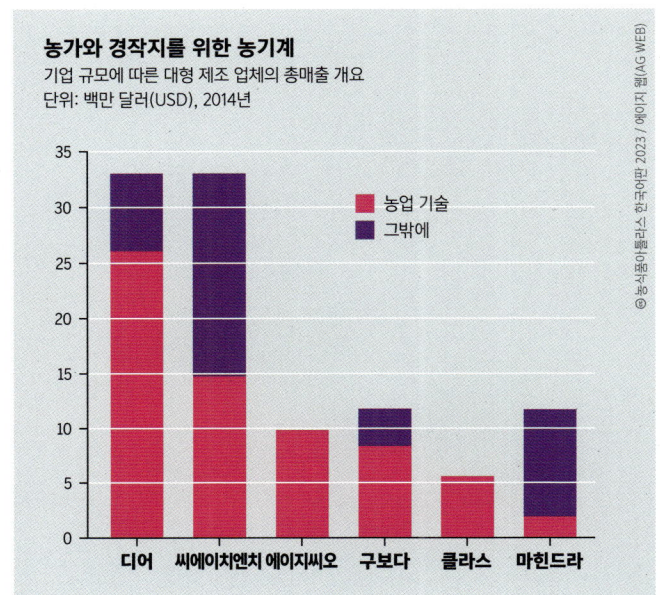

농가와 경작지를 위한 농기계
기업 규모에 따른 대형 제조 업체의 총매출 개요
단위: 백만 달러(USD), 2014년

농업 기술
그밖에
디어
씨에이치엔치
에이지씨오
구보다
클라스
마힌드라
ⓒ농식품아틀라스 한국어판 2023 / 에이지 웹(AG WEB)

물

개인의 손에 넘어간 푸른 황금

물은 수요가 많은 재화이다. 때문에 산업계는 물을 상업화하려 한다. 따라서 수자원에 대한 주민들의 권리를 가능한 없애려고 한다.

인간이 사용할 수 있는 담수는 지구의 물 가운데 1퍼센트도 안 된다. 오늘날 이미 여러 지역에서 자연 순환으로 새롭게 만들어지는 물보다 더 많은 물을 쓰고 있다. 현재 약 20억 명이 지구의 담수 자원 가운데 20퍼센트 넘는 양을 소비하는 나라에 살고 있다. 유엔 식량농업기구(FAO)는 물 부족 위험을 경고한다. 일반 가정이 쓰는 물은 약 10퍼센트 정도에 못 미친다. 산업계가 그 두 배 넘는 물을 쓴다. 그 가운데 농업 분야에서 거의 70퍼센트 정도를 쓴다. 대부분 밖에서 끌어들여 물을 댄다.

농업 분야에서 쓰는 물의 효율성은 저마다 다르다. 옥수수나 목화를 단일재배 하면 경작지 부식토는 빠르게 고갈된다. 그 결과 물은 더 빨리 새나가고 단위 면적당 같은 수확량을 위해 더 많은 물이 필요하게 된다. 경사진 지형에 계단식 농지를 만들거나 그늘을 만드는 식물이 자라는 곳에서는 많은 물을 절약할 수 있다. 한편 농생태학 방식은 부식토를 유지하거나 더 많이 만들어 낸다. 부식토는 스폰지처럼 물을 간직하는 능력이 있다. 하지만 공교롭게도 생태 효율성을 높이는 생태적 농업은 여전히 물을 쓸 때 우선 고려하는 기준이 아니다.

기업은 물 소비 통계를 발표하지 않거나, 드물게 발표한다. 음료기업 코카콜라는 물 사용량을 공개하는데, 자체 보고에 따르면 2015년 물 약 3,000억 리터를 썼다. 이 양은 아프리카 가나 전체 인구 2,600만 명이 한 해 쓰는 물 양과 같다. 기업이 사용하는 물에 대한 자료가 없는 탓에 공공 영역에서 기업의 수자원 개발, 오염, 수출이 환경과 주민에게 미치는 영향에 대해 충분히 파악하지 못한다. 보고 의무는 없지만 기업이 주변 환경에 미치는 영향은 지역에서 쉽게 알아차릴 수 있다. 물의 질이 나빠지고, 지하수위는 낮아진다. 그 결과 개발도상국에서는 전체 먹거리 가운데 3분의 2를 생산하는 농민들이 수자원에 안정되게 접근하기가 점점 어려워진다.

그런데도 세계은행(World Bank)은 2008년 세계경제포럼(WEF)에서 '2030 수자원 그룹(Water Resource Group, WRG)'을 설립했다. 2030 수자원 그룹은 현재 높은 영향력을 가진 상설 자문 기구이다. 자체 사무국이 있고 네슬레, 펩시코, 코카콜라, 다우 케미칼 같은 물을 많이 소비하는 기업들과 유엔 산하 기구들, 여러 개발은행들을 회원으로 두고 있다. 2030 수자원 그룹은 방글라데시, 중국, 인도, 케냐, 멕시코, 몽골, 페루, 남아프리카공화국, 탄자니아 같은 개발도상국에 전략적 수자원 정책을 요구하고 있다. 이 전략에 따르면 물이 부족한 세계에서 정부들은 물 사용이 경제 성장에 기여할 수 있도록 보장해야만 한다. 그렇기 때문에 '통합 수자원 관리' 차원에서 경제 이익을 가져오는 유용 식물을 물 부족 상황에서 우선 고려해야 한다. 하지만 이 전략은 소농들에게, 특히 여성들에게 큰 피해를 입힐 수 있다. 왜냐하면 이들은 저마다 소규모 면적에서 주로 자신들에게 필요한 먹거리를 위해 농사짓기 때문이다.

2030 수자원 그룹은 '물방울 하나마다 더 많은 곡식(more crop per drop)'이란 선언을 앞세운다. 듣기에는 그럴듯하다. 하지만 이 접근은 소농의 다양한 먹거리 생산에 불이익을 준다. 왜냐하면 '산출' 단위마다 물의 양 측정은 효율성의 수량화라는 구

관개 농업은 미래 모델이 아니다. 전문가들은 다가올 수십 년 동안 산업 영역에서 쓰는 물의 양이 가장 많을 것이라고 내다본다

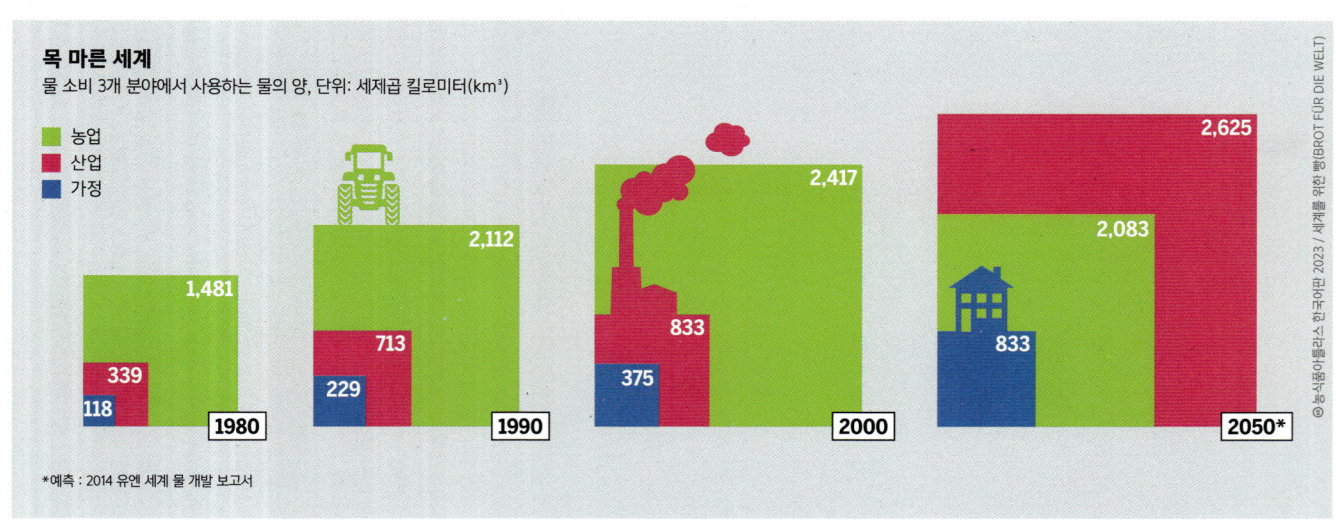

목 마른 세계
물 소비 3개 분야에서 사용하는 물의 양, 단위: 세제곱 킬로미터(km³)

- 농업
- 산업
- 가정

1980: 농업 1,481 / 산업 339 / 가정 118
1990: 농업 2,112 / 산업 713 / 가정 229
2000: 농업 2,417 / 산업 833 / 가정 375
2050*: 농업 2,083 / 산업 2,625 / 가정 833

*예측: 2014 유엔 세계 물 개발 보고서

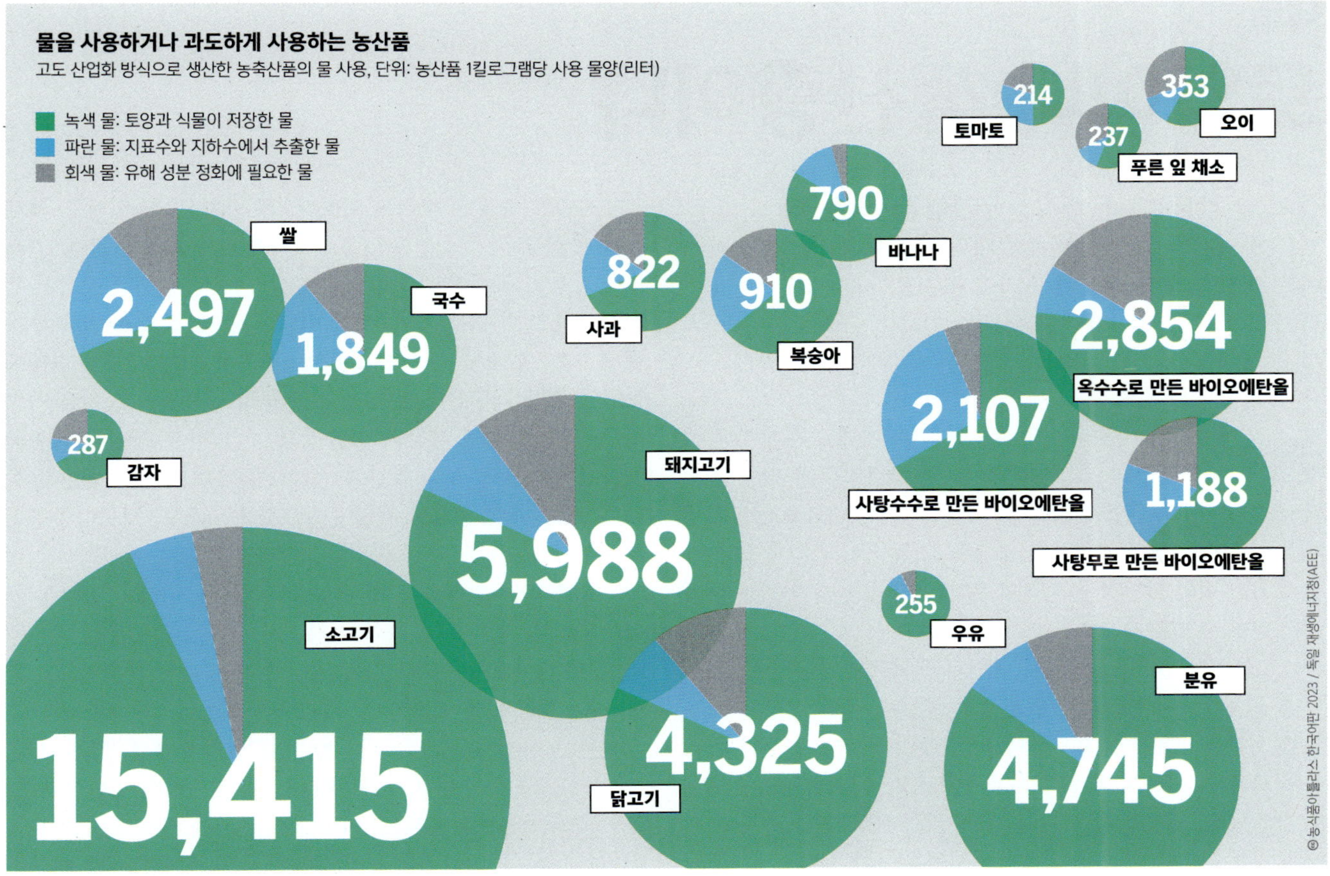

물을 사용하거나 과도하게 사용하는 농산품
고도 산업화 방식으로 생산한 농축산품의 물 사용, 단위: 농산품 1킬로그램당 사용 물양(리터)

- 녹색 물: 토양과 식물이 저장한 물
- 파란 물: 지표수와 지하수에서 추출한 물
- 회색 물: 유해 성분 정화에 필요한 물

농산품	물 사용량
쌀	2,497
국수	1,849
감자	287
사과	822
복숭아	910
바나나	790
토마토	214
푸른 잎 채소	237
오이	353
옥수수로 만든 바이오에탄올	2,854
사탕수수로 만든 바이오에탄올	2,107
사탕무로 만든 바이오에탄올	1,188
우유	255
소고기	15,415
돼지고기	5,988
닭고기	4,325
분유	4,745

식품 생산은 집약적으로 물을 사용한다. 파란 물(지표수와 지하수)을 쓰는 만큼 땅을 마르게 하고, 회색 물은 환경을 오염시킨다

실을 대지만 질적 평가를 무시하는 방식이기 때문이다. 다시 말해 살충제와 비료가 물에 미치는 나쁜 영향을 덮어버리는 것이다. 이런 시각으로 보면 농생태학 방식(agroecology)이 훨씬 더 바람직하다.

지역에서 생산한 음료, 과일, 채소 같은 먹거리를 수출하는 것은 그 속에 함유한 물이 지역 순환에서 사라지는 것을 뜻한다. 따라서 수출이 거듭되면 장기 물 부족 상황을 불러올 수 있다. 하지만 수출이 물 부족에 미치는 영향은 고려되지 않고, 먹거리를 경작해 식량 주권을 확보하는 마을과 지역은 점점 사라지고 있다.

2030 수자원 그룹은 물 시장 도입을 옹호한다. 1981년 칠레는 물 시장 법을 만들었고, 물 공급이 제한된 지역에서 물을 차지하기 위한 격렬한 경쟁이 일어났다. 코피아포(Copiapó) 지역에서는 물에 대한 권리가 돈벌이가 되는 광산업 분야로 차례로 넘어가고 있다. 심지어 이윤을 낼 수 있는 과일 농장조차 더이상 물을 차지하는 경쟁에 참여할 수 없다.

2030 수자원 그룹은 지하수 이용에 대한 비용 지불을 지지한다. 시장이 결정한다는 이념에 따라 물을 많이 쓰는 거대 사업자가 집수 지역에 자리 잡든 수질을 더럽히든 내버려 둬야 한다는 것이다. 대신 사업자들은 원래 이 물로 생활하는 사람들에게 보상금을 지불하는 식이다. 만약 어떤 정부가 여기에 동조해 물의 사용과 품질에 대한 공적인 관리를 포기한다면 훗날 물에 대한 권한을 공공의 것으로 되돌리기를 원할 때 정부는 큰 대가를 치러야만 할 것이다. ●

프랑스 기업 세 개사(베올리아, 수에즈, 소어)는 세계 도시 수돗물 공급 사업자를 사들였다. 가격이 지나치게 높고 서비스 질은 낮아 현지 사업 대부분이 실패했다

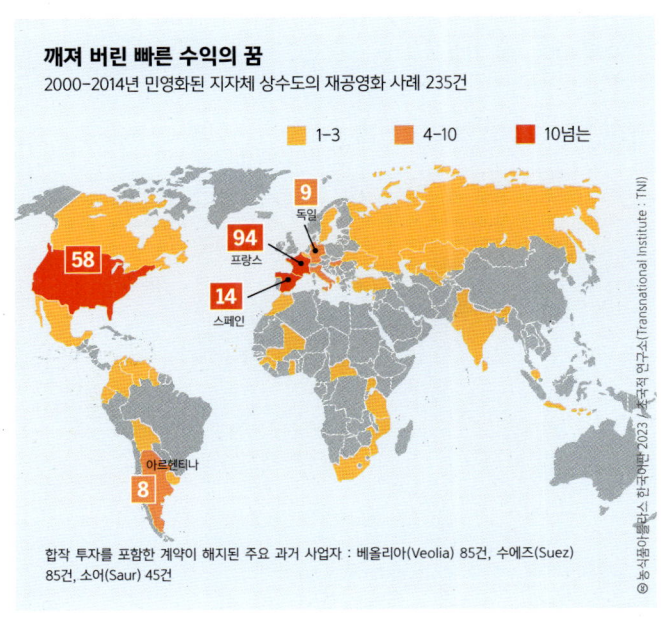

깨져 버린 빠른 수익의 꿈
2000-2014년 민영화된 지자체 상수도의 재공영화 사례 235건

- 1-3
- 4-10
- 10넘는

독일 9, 프랑스 94, 스페인 14, 미국 58, 아르헨티나 8

합작 투자를 포함한 계약이 해지된 주요 과거 사업자: 베올리아(Veolia) 85건, 수에즈(Suez) 85건, 소어(Saur) 45건

비료
토양이냐 생산량이냐

질소, 인, 칼륨 비료는 농산물 생산량을 늘리는 데 도움이 되지만, 토양을 비옥하게 하지는 못 한다. 비료 생산 업체는 에너지 소비와 환경오염 문제와 관계없이 사업 성장에만 전념하고 있다.

농민에게 토양비옥도는 가장 중요하다. 대체로 재배 과정에서 손실된 필수 영양소를 질소, 인, 칼륨 비료로 해결한다. 닭 배설물처럼 축산업에서 발생한 퇴비와 액체 비료를 경작지에 뿌리기도 한다. 또한 광물질 비료에도 세 영양소가 들어 있다. 합성 질소는 이와 달리 화학 공정으로 생산한다. 인과 석회는 암석에서 얻을 수 있다.

또한 광물질 비료는 먼저 유럽과 북아메리카에서 그 뒤로 남반구 국가에서 농업의 산업화를 이끌었다. '녹색 혁명'은 서구 농업 모델을 다른 지역으로 수출하는 것이 목표였다. 수익성 있는 비료 산업이 크게 확장됐고, 세계에서 10억 달러 규모의 사업이 생겨났다. 하지만 이 분야는 늘어나는 수익에만 집중하고 토양과 기후 환경에 미친 결과에 대해서는 침묵한다.

'기후 스마트 농업'은 국제 논의에서 나온 좋은 제안을 기업이 자신의 목적을 위해 어떻게 이용하는지 보여준다. 2010년 세계식량농업기구(FAO)는 '기후 스마트 농업' 개념을 처음 발표했다. 식량농업기구는 농업과 식량 안보와 기후 보호 문제를 다뤘다. 이로써 소규모 농장의 생산성은 높아지고, 동시에 토양의 부식질 형성도 개선될 것이라 내다봤다. 식량농업기구의 목표는 농업이 기후 변화에 적응하고 토양 특히, 개발도상국의 토양을 온실가스 흡수원으로 재평가하는 것이었다.

하지만 방향은 빠르게 변했다. 2014년 식량농업기구, 세계은행과 일부 국가의 정부는 로비 단체, 비료 기업과 함께 '기후 스마트 농업 국제연맹(GACSA)'을 설립했다. 이 연맹은 특히 생산성을 높이기 위해 기존 기술, 비료, 살충제, 종자 산업에 투자했다. 또한 토양이 저장하는 이산화탄소를 세계 배출량 거래에 포함할 것을 요구했다. 하지만 저장 능력을 측정하는 것은 어렵다. 탄소를 토양에 저장해 수익을 낼 수 있다는 사실은 파종과 재배를 빌미로 땅 투기 같은 부적절한 동기를 만들 수 있기 때문이다. 또한 가장 중요한 식량 안보, 토양 비옥도, 생물다양성이 무너질 수도 있다.

또한 광물질 비료는 세계에서 거래된다. 비료의 생산은 에너지 집약을 전제한다. 따라서 가스비와 유류대가 생산 비용에서 차지하는 비중이 크다. 생산 공장은 주로 값싼 화석연료를 쓸 수 있는 지역에 있다. 합성 질소 비료는 북아메리카, 인도, 중국, 러시아, 서아시아, 오스트레일리아, 인도네시아에서 만들어진다. 그 밖의 비료도 종종 화석연료가 매장된 지역에서 생산한다. 칼륨염의 80퍼센트는 캐나다, 이스라엘, 러시아, 벨로루시 또는 독일에서 나온다. 인산염은 노천 광산에서 채굴된다. 세계 매장량 가운데 75퍼센트 넘게 모로코와 모로코 점령 지역인 서사하라에 있다.

오늘날 세계는 이미 너무 많은 비료를 쓰고 있다. 1961년 뒤로 또한 광물질 비료의 수요는 6배나 늘었다. 2013년 또한 광물질 비료는 세계에서 1억 7,500만 달러 해당하는 양이 판매됐다. 화학 비료를 생산하는 기업은 특정 지역 시장이나 특정 비료, 특히 인산염과 칼륨을 독점하는 큰 기업이 될 수 있다. 가장 큰 생산 기업은 캐나다의 아그룸(Agrium), 노르웨이의 야라(Yara), 미국의 모자이크 컴퍼니(Mosaic Company)다. 이들은 세계 비료 시장의 21퍼센트를 장악하며, 광산과 공장을 독자 운영하고 있다.

최근에는 장기 성장이 멈춘 것처럼 보인다. 생산은 늘고 있지만, 수요는 감소했다. 거대 초국적 곡물메이저 기업인 아처 대니얼스 미들랜드(Archer Daniels Midland), 번기(Bunge), 카길(Cargill), 루이 드레퓌스 컴퍼니(Louis Dreyfus Company)는 투자를 줄였다. 하지만 대기업들은 경쟁사를 사들이며 사업을 확장하고 있다. 포타쉬(PotashCorp, 세계 4위)는 시노페르트(Sinofert, 세계 6위)와 아이씨엘(ICL, 세계 7위)의 지분을 보유하고 있다. 세계 2위 기업인 야라(Yara)는 브라질과 미국에 진출

세계 10대 비료 기업
수익이 가장 많은 기업 본사 위치, 2015년

- 증권 거래소 상장 기업
- 국영 기업
- 민간 기업

① 아그룸
② 야라
③ 모자이크
④ 포타쉬
⑤ 씨에프 인더스트리
⑥ 시노페르트
⑦ 아이씨엘
⑧ 포스아그로
⑨ 우랄칼리
⑩ 카플루스에스

아이씨엘(ICL)과 카플루스에스(K+S)는 비료만 판매

2017년 비료 생산 업체인 아그룸(Agrium)과 포타쉬(Potash)의 대규모 합병이 이뤄졌다

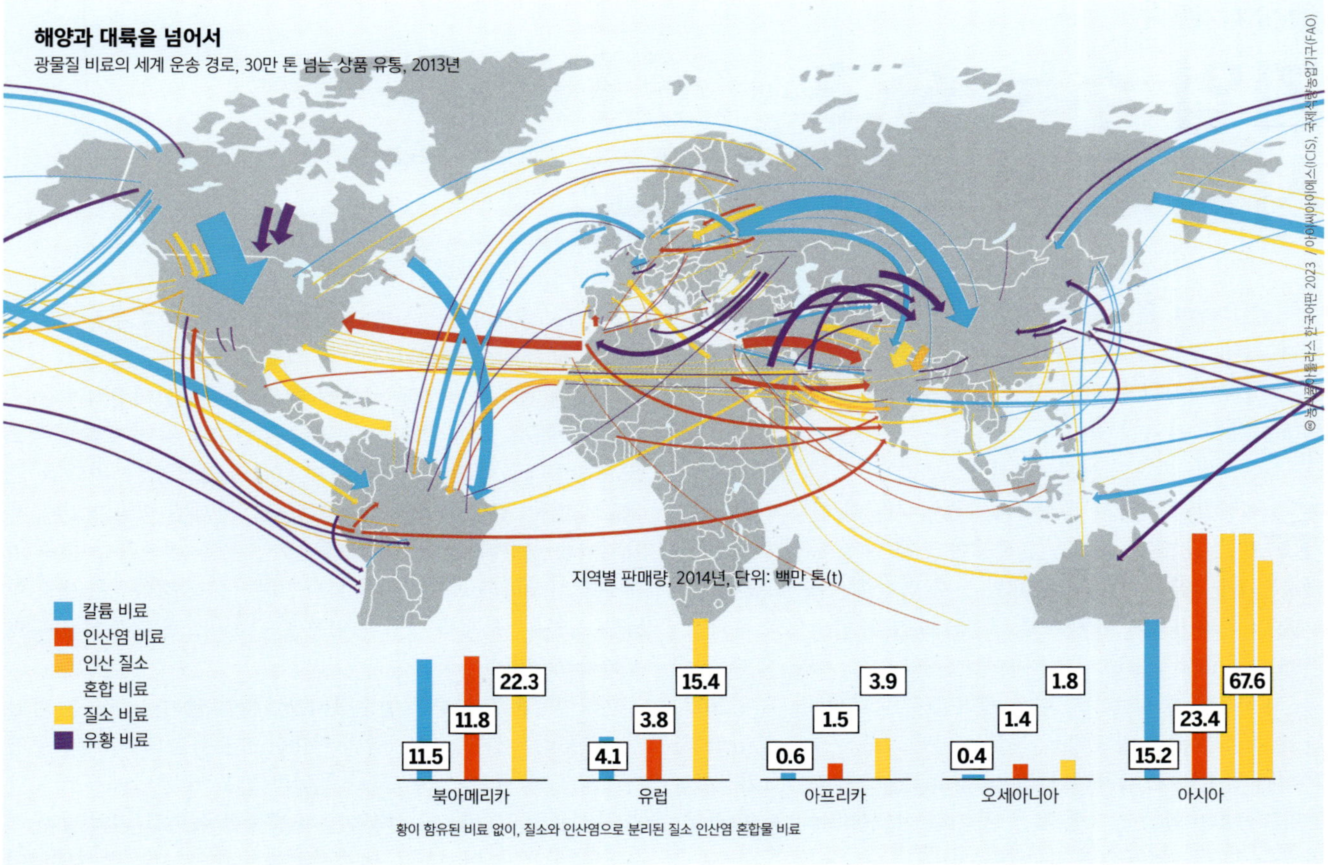

해양과 대륙을 넘어서
광물질 비료의 세계 운송 경로, 30만 톤 넘는 상품 유통, 2013년

- 칼륨 비료
- 인산염 비료
- 인산 질소 혼합 비료
- 질소 비료
- 유황 비료

지역별 판매량, 2014년, 단위: 백만 톤(t)

북아메리카	유럽	아프리카	오세아니아	아시아
11.5 / 22.3 / 11.8	4.1 / 15.4 / 3.8	0.6 / 3.9 / 1.5	0.4 / 1.8 / 1.4	15.2 / 67.6 / 23.4

황이 함유된 비료 없이, 질소와 인산염으로 분리된 질소 인산염 혼합물 비료

해 있으며, 아프리카에 대규모 산업 농업을 개발하는 사업을 확장할 계획이다.

특히 4대 비료기업은 중국을 제외한 모든 주요 제조국의 생산 가운데 절반 넘는 양에 관여한다.

북아메리카에서 가장 큰 비료 기업 아그룹(세계 1위)과 모자이크 컴퍼니와 포타쉬가 칼륨 사업을 지배하며, 비료 생산과 가격 결정을 독점한다. 그들은 하나의 카르텔을 이뤄 공동 설립한 칸포텍스(Canpotex)에서 비료를 판매한다. 헝가리와 노르웨이를 비롯한 대부분 국가에서 비료 회사는 하나뿐이다.

독일은 1961년 이래로 질소 2.5배, 석회는 절반 정도 소비가 늘었다. 독일은 수입에 의존한다. 질소 비료 66퍼센트와 인산염 비료 94퍼센트가 나라밖에서 들어온다. 칼륨은 부족하지 않다. 카셀의 카플루스에스(K+S AG)는 세계 최대 칼륨 제조회사인데 매출 38억 가운데 절반이 비료가 차지한다.

이 지역 비료생산 공장에서 소금물은 정화되지 않고 베라 강(독일 튀링엔과 니더 작센 지역 하천)에 방류되거나 땅속에 스며든다. 팔 수 없는 소금이 쌓여 거대한 산을 이루고, 지하수는

작물 생산량을 더욱 늘리기 위해 비료를 과다하게 쓰는 만큼 세계 여러 지역에서 토양이 산성화하고 지하수, 강과 호수는 오염된다

질소 비료 생산에 필요한 천연가스뿐만 아니라 칼륨과 인산염 매장층 또한 불균등하게 분포돼 있다. 이 때문에 국제 무역이 이뤄진다

오염되며 산비탈에서 흘러 나오는 식염수는 중금속을 방출한다. 비용 문제로 카플루스에스는 칼륨 생산 뒤 발생한 찌꺼기를 광산으로 다시 운반하지 않는다. 관련 연방주 정치인들은 카플루스에스가 2027년 후반까지 배출량을 절반까지 줄일 것이라 말한 것만으로도 성공으로 여겨 자축하는 실정이다. ●

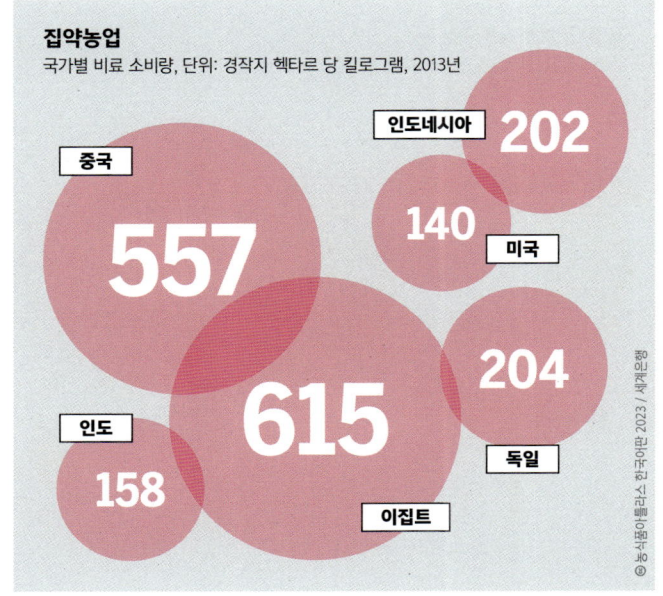

집약농업
국가별 비료 소비량, 단위: 경작지 헥타르 당 킬로그램, 2013년

- 중국 557
- 인도네시아 202
- 미국 140
- 독일 204
- 이집트 615
- 인도 158

종자와 농약

기업 수는 줄고
시장 독점력은 커지고

바이엘(Bayer)은 몬산토(Monsanto)를 인수해 세계 최대 농화학 기업이 됐다. 바이엘의 경제 이익은 기업 본사가 있는 독일 경제와 이해관계로 이어질 것이다.

유럽연합과 미국의 독점규제기관이 기업의 인수합병을 허가한 뒤 세계 주요 농업 시장이 크게 달라지고 있다. 지금까지는 7개 기업이 세계 살충제와 종자 생산을 주도해 왔다. 하지만 이 독과점 시장이 새롭게 재편되고 있다. 합병으로 독과점 기업 수는 줄고 규모는 더욱 커졌다.

미국 듀폰(DuPont)과 다우 케미칼(Dow Chemical)이 2017년 다우-듀폰으로 합병했고, 독일 바이엘 그룹은 미국 몬산토를 2018년 인수했다. 켐차이나(ChemChina)는 2020년 스위스 신젠타(Syngenta)를 인수했고, 중국 기업 시노켐(Sinochem)과도 합병을 진행했다.(2021년 기준*편집자 주)

이로써 대기업 3개가 상업 종자와 농화학 시장의 60퍼센트 넘는 규모를 차지하게 됐다. 그들은 세계에 유전자조작 작물을 더욱 빠르게 공급할 수 있게 됐다. 유럽특허청의 작물 지적 재산권은 이 대기업 3개의 몫이 됐다.

바이엘-몬산토는 새로운 거인이다. 세계 상업 종자 시장 3분의 1과 농약 시장 4분의 1을 세계에서 가장 큰 농화학 합병 기업이 쥐고 있다. 바이엘은 몬산토를 인수대금 660억 달러, 켐차이나는 신젠타를 430억 달러에 인수했다. 중국 최대 화학물질 생산기업인 국유 기업 켐차이나는 이미 특허 받지 않은 농약을 생산했다. 켐차이나는 신젠타와 함께 농약과 종자 부문 말고도 농업 기술 분야에 방대한 지식을 얻게 됐다. 하지만 중국인 일부는 유전자 공학을 농업과 식품에 사용하는 것을 미심쩍어 한다. 전문 매체들도 중국 정부가 신젠타를 인수해 유전자조작 작물을 지원하려는 것인지를 명확하게 밝히지 않고 있다. 바이엘-몬산토와 다우-듀폰은 주식회사로 주주들에 대한 책임이 있다. 켐차이나는 신젠타-켐차이나가 소유한 스위스 신젠타를 증권 거래소에 상장하려고 추진하고 있다. 다우-듀폰 경영진은 새로 합병한 기업을 세 개의 상장 기업으로 나눴다. 그 가운데 하나가 농화학 기업이다.

바이엘은 몬산토를 인수하려고 570억 달러나 대출을 받았다. 이사회는 세계 농업 시장의 거대한 잠재력을 고려할 때, 구매 가격과 부채 규모가 적절하다고 평가했다. 이 분야에서 바이엘과 몬산토는 2015년 약 254억 달러 매출을 올리고 50억 달러 이윤을 달성했다. 바이엘은 세계시장에서 종자와 농약 판매액이 2015년 850억 유로에서 2025년 1,200억 유로로 늘어날 것으로 내다본다.

바이엘은 이미 세계에서 열 번째로 큰 화학기업이었다. 바이엘의 농업 부서였던 크롭사이언스(CropScience)는 21세기가 시작되고 얼마 뒤 별도 사업부가 됐다. 크롭사이언스는 인수를 통해 종자 산업의 다국적 기업으로 올라섰다. 바이엘은 다른 화학기업의 전형을 따랐다. 세계 7개 농업 관련 기업은 원래 화학기업인 몬산토, 듀폰, 신젠타, 다우 그리고 바이엘 같은 5개 기업이 포함된다.

몬산토 종자 기업처럼 꾸준히 합병을 진행한 기업은 없다. 몬산토는 1990년대부터 세계에서 기업을 인수했고 세계 상업 종자 시장 4분의 1을 차지하고 있다. 대부분 유전자조작 작물에 대한 권리를 소유하고 있지만, 기존 종자, 특히 채소 종자도 많이 판매한다. 시장에서는 몬산토가 인수하기 전 기업명이 그대로 유지되기 때문에 몬산토의 존재를 알아채기 어렵다. 몬산토 로고는 종자 포장지에 거의 보이지 않는다.

예닐곱 개 기업이 독점해온 것을 이제 바이엘-몬산토, 다우-듀폰, 켐차이나-신젠타 3개 초국적 기업이 독점하게 됐다. 시장 점유율이 높아지면서 기업은 목표에 한걸음 더 가까워졌다. 그 목표란 종자와 농약 시장에서 제품, 가격, 품질을 결정하

농화학 분야 상위 10위
매출이 가장 큰 기업의 본사 위치, 2015년

■ 증권 거래소 상장   ■ 국영 기업

1. 신젠타
2. 바이엘
3. 바스프
4. 다우 케미칼
5. 몬산토
6. 모자이크
7. 아다마(켐차이나)
8. 에프엠씨
9. 뉴팜
10. 유피엘

초국적 기업들은 잘 드러나지 않는다. 그들은 다른 제조업체를 인수한 뒤에도 제품명을 그대로 유지한다

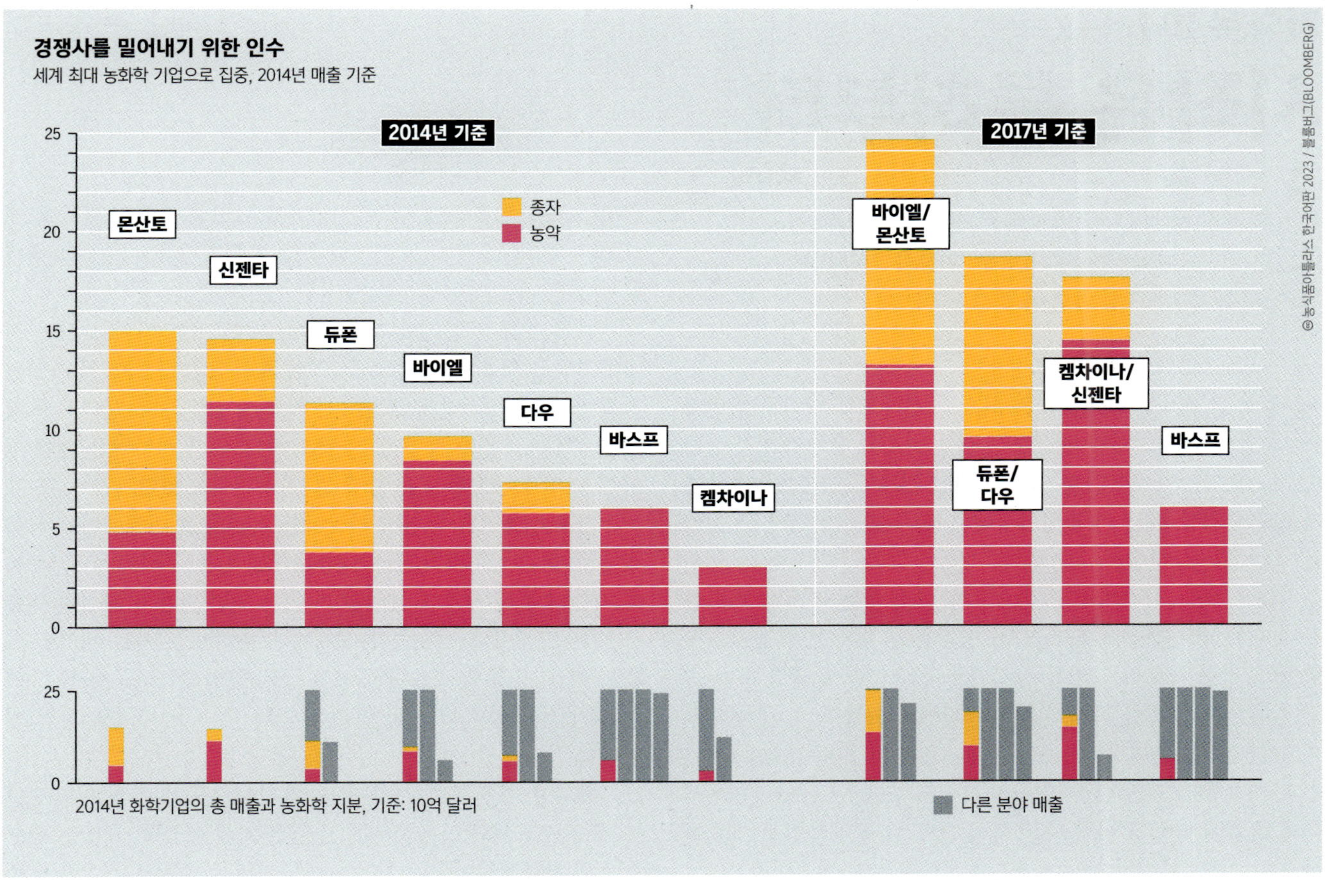

경쟁사를 밀어내기 위한 인수
세계 최대 농화학 기업으로 집중, 2014년 매출 기준
2014년 기준
2017년 기준
종자
농약
몬산토
신젠타
듀폰
바이엘
다우
바스프
켐차이나
바이엘/몬산토
듀폰/다우
켐차이나/신젠타
바스프
25
20
15
10
5
0
2014년 화학기업의 총 매출과 농화학 지분, 기준: 10억 달러
다른 분야 매출
ⓒ 농식품아틀라스 한국어판 2023 / 블룸버그(BLOOMBERG)

는 지배 위치에 도달하는 것이다. 이 세 기업은 다른 공급자를 시장에서 몰아내 경쟁을 가능한 한 피하고, 그것이 어렵다면 아예 경쟁자를 인수하는 전략을 추구한다.

여기에는 정치 영향도 뒤따른다. 초국적 기업이 커질수록 로비력은 더 광범위해져 입법에도 영향을 미친다. 독일 기업 바이엘은 몬산토를 인수한 2018년 뒤로 종자와 농약, 농업 기술 분야에서 세계 1위를 차지했다. 이 기업은 높은 부채로 압박 받고 있지만, 자신들 뒤에 가장 강력한 유럽연합 회원국이 있다는 것을 알고 있다. 앞으로 바이엘-몬산토의 경제 이익은 어느 때보다 더욱 기업 본사가 있는 독일 경제와 이해관계로 이어질 것이다.

독일의 새로운 '글로벌 플레이어'들과 이들을 지지하는 정치인들은 유럽연합이 법으로 제정해 이뤄놓은 성과를 파괴하려 든다. 매우 우려되는 일이다. 바이엘은 살충제가 유해하지 않은 것으로 판명되기 전까지(가령 암을 유발하거나 생식에 해를 끼치거나 배아 또는 호르몬 체계를 손상하는 경우) 유럽연합이 아직 승인하지 않는 것들을 표적 삼고 있다. 또한 자신들의 성장과 무역 행위를 방해하는 유전자조작 작물의 승인과 표기 의무를 강하게 공격할 것으로 보인다.

바이엘은 나아가 더 큰 과제에 매료돼 있다. "씨앗을 가진 사람에게 발언권이 있다"가 그 표어다. 특허로 유전 물질을 확보하는 이가 종자를 지배할 것이다. 또한 이를 통해 농업과 공급망 하류 단계에서 식품 생산을 지배하며, 결국 세계 식량에 대한 통제권을 가질 것이다.

종자와 살충제는 화학 산업에서 중요한 영역이다. 그 시장 영향력이 화학산업을 넘어서고 있다

시장 선두 기업 6개 기업이 유럽연합 작물 특허의 37퍼센트를 소유하고 있다

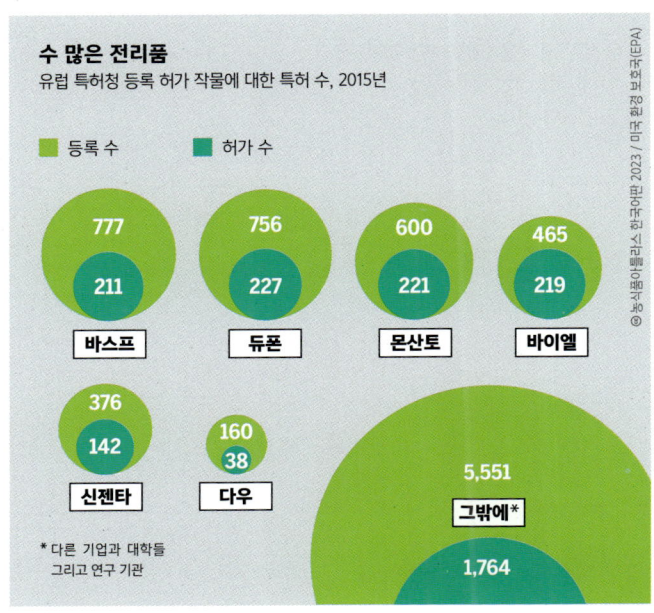

수 많은 전리품
유럽 특허청 등록 허가 작물에 대한 특허 수, 2015년
등록 수
허가 수
777
211
바스프
756
227
듀폰
600
221
몬산토
465
219
바이엘
376
142
신젠타
160
38
다우
5,551
1,764
그밖에*
* 다른 기업과 대학들 그리고 연구 기관
ⓒ 농식품아틀라스 한국어판 2023 / 미국 환경 보호국(EPA)

가축 유전학
시작은 특허부터

유전자조작 동물은 질병이 빠르게 발생해 판매가 어렵다. 많은 실험실에서 새로운 공정을 연구하며 가축 사육을 더욱 산업화하고자 한다.

최초 유전자조작 포유류는 최초 유전자조작 작물보다 먼저 등장했다. 1974년 처음으로 쥐를 이용한 유전자조작 실험이 보고됐고, 1985년 양과 돼지에 대한 첫 보고가 있었다. 유전자조작 생쥐와 쥐는 이제 실험실에서 보게 됐지만, 대부분 농업 분야 연구는 실패했다.

그 이유는 시장에서 식품으로 받아들이는 문제와 기술상 문제 때문이다. 시장에 나올 만큼 성과를 낸 연구는 유전자조작 연어다. 성장 속도와 크기를 유전자조작한 연어에 대한 소비 승인이 미국은 2015년, 캐나다는 2016년에 이뤄졌다. 사실 캐나다 기업 아쿠아바운티 테크놀로지(AquaBounty Technologies)가 먼저 개발했다. 1992년 특허 신청을 했고, 2001년 유럽연합에서 특허 출원이 승인됐다. 하지만 특허 만료 뒤 아쿠아바운티는 미국 기업 인트렉손(Intrexon)이 인수 전까지 파산 직전이었다.

인트렉손은 유전자 공학을 가축에 도입하는 새로운 시도를 하는 기업이다. 미국 버지니아에 있는 이 기업은 억만장자인 랜달 커크(Randal J. Kirk)가 소유하고 있다. 도메인이 www.dna.com인 누리방을 운영하고, 조작된 생쥐, 쥐, 토끼, 고양이, 개, 소, 염소, 돼지, 말, 양, 원숭이 그리고 특별히 유전자조작한 침팬지까지 발명해 특허를 등록했다.

인트렉손은 번식 가능한 황소 복제 전문인 트랜스 오바 게네틱스(Trans Ova Genetics)와 비아젠(ViaGen) 같은 기업을 인수했다. 인트렉손이 인수한 영국 생명공학 기업인 옥시텍(Oxitec)은 원하는 특성을 주입할 수 있는 곤충과 갈변하지 않는 사과를 개발했다. 인트렉손은 대형 연어와 유전자조작 가축을 시장에 출시할 수 있는 세계 유일한 기업이다.

미국 육류 산업 중심지인 미네소타에 있는 바이오 기업 리컴비네틱스(Recombinetics)는 이미 특허를 출원했다. 이 기업은 우유와 고기를 더 많이 생산하는 가축에 집중한다. 관리하기 쉽도록 유전자조작으로 뿔을 없애고, 암소의 생식능력을 없앴다. 이런 '터미네이터 동물'은 살만 찔 뿐 번식력은 없다.

연구의 초점은 유전자 편집이다. 유전물질 디엔에이는 실험실에서 재조합되며 유전자가위(뉴클레아제, nuclease)를 사용해 게놈의 특정 지점에 삽입한다. 이는 개별 단계가 완전히 새로운 접근 방식이다. 새로운 유전자가 도달하는 위치를 제어할 수 없던 이전 '샷건 방식'(디엔에이를 잘게 잘라내 염기서열을 분석한 뒤 컴퓨터로 순서를 짜 맞추는 방식*편집자 주)보다 저렴하며 정확하다.

하지만 가축의 유전자 편집 과정에서도 부작용이 발생한다. 무엇보다 이와 같은 새로운 방법은 거의 인식할 수 없는 방식으로 유전자조작이 이뤄지기도 한다. 리컴비네틱스는 기존 육종에서도 발생하는 유전 변이를 기반으로 돼지, 소와 양의 근육량을 늘리는 쪽으로 개발하고자 했다.

소 사육 농가의 단일 가축에 대한 유전자 검사는 의미가 없다. 가장 수익성이 높은 선택조차도 유전자 검사 비용을 충당하지 못하기 때문이다. 아직은 아니다

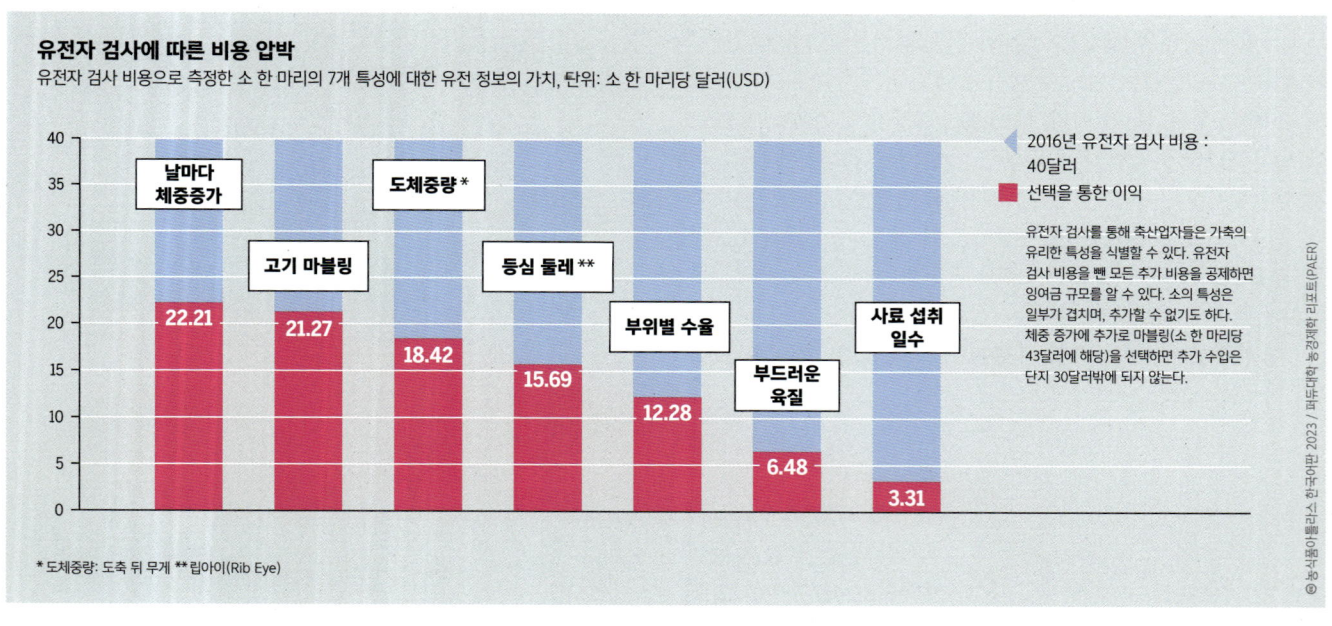

유전자 검사에 따른 비용 압박
유전자 검사 비용으로 측정한 소 한 마리의 7개 특성에 대한 유전 정보의 가치, 단위: 소 한 마리당 달러(USD)

2016년 유전자 검사 비용: 40달러
선택을 통한 이익

유전자 검사를 통해 축산업자들은 가축의 유리한 특성을 식별할 수 있다. 유전자 검사 비용을 뺀 모든 추가 비용을 공제하면 잉여금 규모를 알 수 있다. 소의 특성은 일부가 겹치며, 추가할 수 없기도 하다. 체중 증가에 추가로 마블링(소 한 마리당 43달러에 해당)을 선택하면 추가 수입은 단지 30달러밖에 되지 않는다.

- 날마다 체중증가: 22.21
- 고기 마블링: 21.27
- 도체중량*: 18.42
- 등심 둘레**: 15.69
- 부위별 수율: 12.28
- 부드러운 육질: 6.48
- 사료 섭취 일수: 3.31

* 도체중량: 도축 뒤 무게 ** 립아이(Rib Eye)

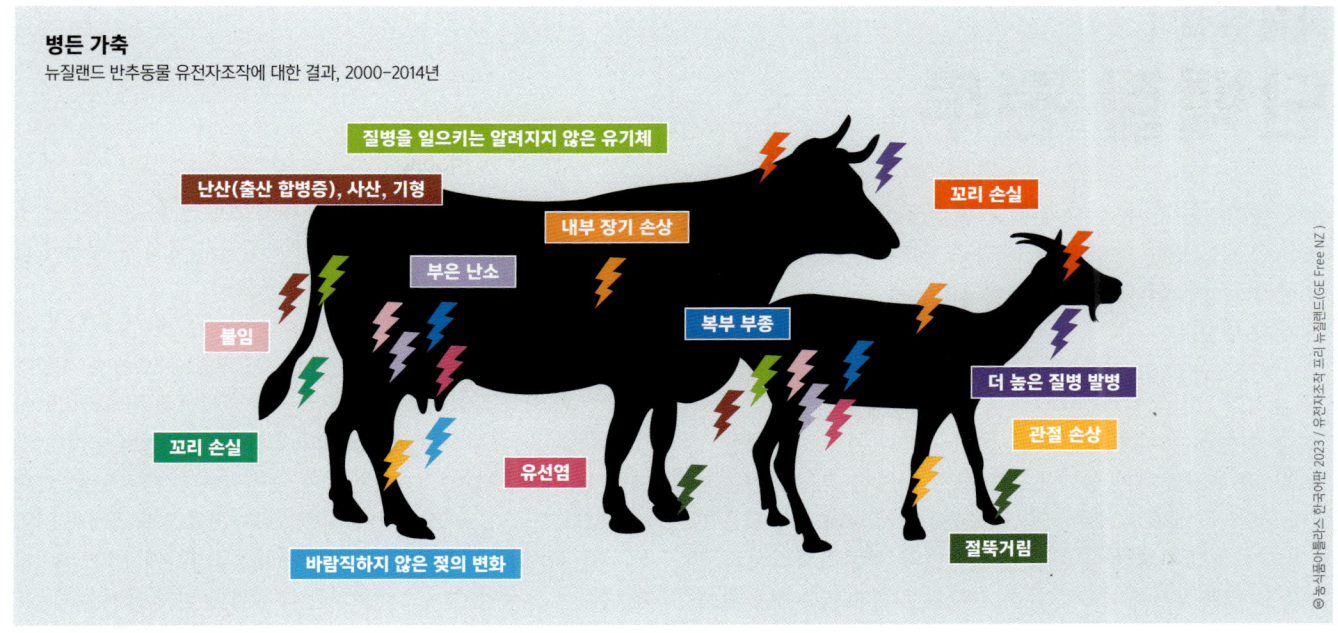

병든 가축
뉴질랜드 반추동물 유전자조작에 대한 결과, 2000-2014년

이에 대한 유전자 템플릿(디엔에이 복제 원형인 원래 디엔에이 가닥.*편집자 주)은 '벨기에 파란 소(Belgian Blue Cattle)'라는 소 품종을 사용했다. 이 품종은 유전 결함 때문에 근육이 과도하게 성장해 출산 때마다 난산을 겪는다. 송아지 약 90퍼센트가 제왕절개로 태어난다. 유전자 편집은 돼지 경우에도 심각한 건강 문제를 일으킨다. 태어나자마자 죽거나 얼마 지나지 않아 죽기도 한다. 다른 동물들도 유전자조작 때문에 예기치 못한 결과로 기관지나 관절에 손상을 입는다. 모든 상호작용을 예측할 수 없기 때문이다.

축산 분야 전반에서 유전 공학을 활용해 산업 축산의 이익에 적합하도록 가축을 이용하고 있다. 이익 개발도 새로운 사업 영역이 주도한다. 유전자조작 특허법은 축산 농가에도 영향을 미친다. 농민들은 특허 받은 소로 여전히 우유를 생산할 수는 있지만 자연 번식으로 얻은 송아지를 팔 수는 없다.

2008년 설립한 리컴비네틱스는 연 매출 100만 달러에 불과한 소규모 기업이었다. 하지만 2016년 한 해에만 민간 금융 투자자로부터 거의 1,000만 달러의 자금을 조달했다. 영국 거대 기업인 제누스(Genus)도 리컴비네틱스 고객으로 참여하고 있다. 총 매출액이 4억 5,000만 유로에 달하는 제누스는 세계 최대 돼지와 소 유전자조작 기업일 뿐 아니라 세계 최대 양식 새우 육종 공급 기업이기도 하다.

전통 육종가들은 더 이상 새로운 경쟁을 따라잡을 수 없다. 대규모 농장과 가공업자가 유전자조작 가축에 관심을 둔다면 제누스는 유전자 편집의 가장 큰 수혜자가 될 것이다.

유전자조작 가축을 피하려는 농민들도 더 이상의 선택지가

유전공학에 필요한 가축을 대규모로 제공하는 이들은 주로 가족 소유이거나 수천 명 회원이 있는 대규모 농업 협동조합이다

유전자 구성을 바꾸면 가축에게 유해하고 질병을 일으킨다. 하지만 실험실을 찾는 의뢰인들은 여전히 질병을 이겨내는 소를 꿈꾼다

없게 될 것이다. 예를 들어 아프리카 돼지열병에 내성이 있는 유전자조작 돼지가 시장에 출시된다면, 일반 전염병 통제 조치에 따라 가능한 전체 가축을 교체해야 하며 결국 특허 받은 가축으로 대체될 것이다. 새로운 돼지는 더 이상 병에 걸리지는 않지만 바이러스를 전염시킬 수 있고, 그로 인해 전통 축산 농가는 전염병으로 큰 타격을 받을 수 있기 때문이다. 돼지를 기르는 농민들도 저항력이 있는 돼지로 교체할 수밖에 없다. 이렇게 되면 유전자조작 돼지 없이는 축산이 불가능해진다. 또한 바이러스 확산을 막기 위해 질병관리본부는 바이러스 저항력이 없는 동물의 사육을 금지할 수도 있다. ●

가축유전학 분야 큰 기업
매출이 가장 큰 기업 본사 위치, 2015/2016년

엔비고, 조에티스: 기업 전체 매출에서 가축유전학을 분리할 수 없었다.

작물 유전학

단백질 전투

종자 대기업들은 '유전자 편집'으로 새로운 특성을 가진 작물을 판매할 준비를 마쳤다. 심지어 '유전자조작(GMO)'이라는 꼬리표를 뗀 채로 말이다.

살아있는 유기체 유전자를 경제와 법과 기술로 통제할 수 있게 되면 세계 농업에 영향을 줄 막강한 힘을 휘두를 수 있다. 초기에 유전 공학을 바탕으로 몬산토(Monsanto) 같은 기업이 새로운 종자를 생산했고, 이를 하나의 자체 사업 모델로 만들었다. 기업은 특허로 보호받는 농약과 화학비료를 활용해 수백만 헥타르에서 작물을 경작했다.

초기 '유전자 이식' 세대의 기술은 생명의 기본을 이루는 '디엔에이 빌딩블록'을 직접 '편집'할 수 있는 오늘날 기술과 비교했을 때 단순해 보인다. 막강한 영향력을 가진 대규모 농기업들은 새로운 기술의 혜택을 받기 위해 애쓴다. 미래 농업 환경에 대한 통제는 빅 데이터에서 시작한다. 1,000개가 넘는 연구 센터에서 엄청난 속도로 게놈 서열에 대한 데이터를 생성하고 있다. 2025년까지 우리는 천문학보다 더 많은 게놈 데이터를 가지게 될 것이다. 상상할 수 없을 정도로 많은 데이터가 공용 데이터베이스에 저장될 것이다. 이것의 잠재 가치는 생물 정보학 분야에서 값비싼 능력을 가진 기업만이 활용할 수 있다.

이 게놈 데이터베이스를 이용하는 사람은 산업 이익을 위해 축적된 보물을 가진 거나 마찬가지다. 개별 농업에 쓰이는 다양한 종의 게놈 데이터를 수집하는 공개 데이터베이스 다이브식(DivSeek)은 신젠타(Syngenta)와 듀폰(DuPont)에 데이터 액세스(데이터 검색, 관리, 분석, 활용*편집자 주)에 대한 특권을 판매하려고 시도했다. 특권이 판매되면 농화학기업은 경쟁에서 막강한 힘을 갖게 되고 조작된 유전자 특허를 차지하게 된다. 소비자가 원하는 특성만 대대로 이어지는 특정한 유전자 말이다.

생명 공학 분야 큰 기업들은 기후 적응에 유용한 작물 유전자를 적극 찾고 있다. 그들은 홍수나 가뭄 같은 환경 장애를 극복하는 작물 능력 유전자를 찾아 디지털화하고자 한다. 기후가 변화하는 지구에서 작물 적응력에 대한 권리를 소유하는 것은 하나의 장기 전략이다. 작물이 생존하기 위해 '기후 변화 저항성'이 필요하다면, 그에 관련된 속성을 가진 식물의 특허 보유자는 농산업의 생존력을 통제할 것이다. 2010년 '기후 적응에 유용한 유전자'에 대한 권리를 주장하는 특허 문헌을 1,600개 넘게 가진 262개 특허군이 있었다. 이 가운데 3분의 2가 몬산토, 바스프(BASF)와 듀폰이 청구했다.

거대 농기업들은 언젠가 기후 적응 종자를 매우 정밀하게 심는 체계와 측정하는 체계를 결합할 계획이다. 이 청사진이 살충제와 종자 부문 합병을 가속화하고 있다. 또한 농기계 제조업체와 합병도 앞두고 있다. 트랙터 생산업체인 디어(Deere)는 이미 신젠타, 다우, 바이엘과 디지털 형태 정밀농업의 필수 장비를 개발하기 위한 계약을 체결했다.

유전학에서 새로운 혁신은 게놈을 읽는 능력이 아니라 유전자를 쓰고 수정하는 능력에 있다. 빠르고 유연한 유전자 편집과 합성에 바탕을 둔 유전자 공학 기술은 계속 늘고 있다. 이제는 작물, 가축, 미생물의 디엔에이 코드를 디지털 기기와 실험실 장비를 사용해 쉽게 재형성 할 수 있다. 디엔에이 합성, 다시 말해 인공 디엔에이를 새롭게 '인쇄'하는 능력은 이미 거대한 사업이다. 2016년 라이프 테크놀로지스, 트위스트 바이오사이언스(Twist Bioscience), 젠나인(Gen9), 아이티-디엔에이(IT-DNA)와 진스크립트(GenScript)를 포함한 소수 기업이 기본 합성 디엔에이 쌍 약 10억 개를 생성했다. 소프트웨어 업계 거인은 이 분야에서 큰 영향력을 발휘할 수 있다. 마이크로소프트와 인텔도

디엔에이(DNA)에 도달하다
크리스퍼-캐스9(CRISPR-Cas9)를 이용한 게놈 편집 과정의 도식화

박테리아의 캐스9 단백질 분자는 특정 특성이 있으며,

유전자의 반복 서열(크리스퍼)를 찾고,

특정 유전자를 자른다.

유전 물질의 특성과 저항력을 변화시키기 위해 새로운 디엔에이를 삽입하고 기존 디엔에이를 배제시키거나 제거할 수 있다.

크리스퍼(일정 간격으로 분포하는 짧은 회문 구조 반복서열): 반복되는 디엔에이를 자른다.
캐스9(Cas9, 크리스퍼와 관련, 계수): 연쇄상구균 또는 포도상구균의 단백질

© 농식품아틀라스 한국어판 2023 / 아카이브(ARCHIV)

엠아이티 테크놀로지 리뷰(MIT Technology Review)에 따르면 게놈 편집은 이미 '세기의 가장 중요한 생명 공학 발견'이다

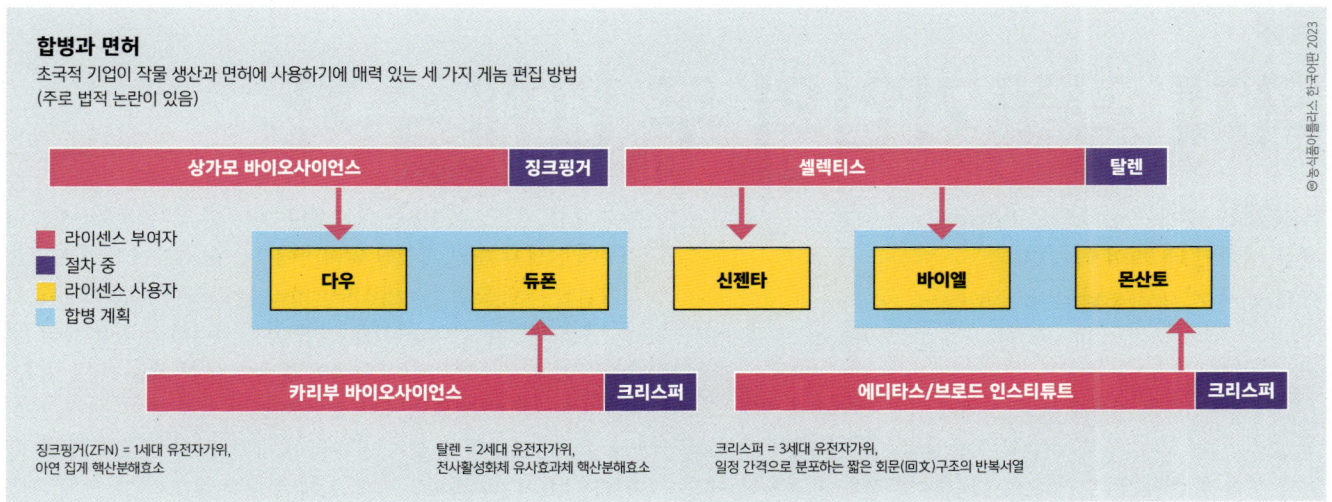

이 '합성 생물학'에 투자하고 있다.

새로운 유전 공학 '도구'를 소유하려는 투쟁은 씁쓸하다. 유전자를 변경하기 위해 초기 사용했던 '징크 핑거(1세대 유전자가위, 아연 집게 핵산분해효소 Zinc finger)'는 미국 캘리포니아주의 상가모 바이오사이언스가 특허를 받았으며, 작물 적용 라이센스는 다우 케미칼만 받았다. 또 다른 핵산분해효소인 탈렌(2세대 유전자가위, TALEN)은 프랑스의 셀렉티스(Cellectis)가 가장 많은 특허를 승인 받았고, 라이센스는 바이엘과 신젠타가 얻었다.

가장 많이 쓰는 기술은 크리스퍼(3세대 유전자가위, CRISPR)다. 크리스퍼는 박테리아가 바이러스로부터 자신을 보호하는 면역력 유전 요소이다. 외부에서 들어온 디엔에이 조각을 박테리아 유전체 속 반복서열 사이에 넣는데, 이 반복된 서열이 크리스퍼다. 두 개발팀이 현재 특허를 놓고 경쟁하는데 이들 싸움에 수십억 달러가 달려 있다. 한편 스웨덴과 독일에서 일하는 프랑스인 엠마누엘 카펜티어와 카리부 바이오사이언스를 소유한 미국인 제니퍼 다우나는 유전자가위인 크리스퍼의 라이센스를 듀폰에게 넘겼다. 매사추세츠 케임브리지에 있는 브로드 인스티튜트의 장평(Feng Zhang)은 몬산토에 크리스퍼 라이센스를 넘겨줬다. 반면 셀렉티스는 유전자 편집에 대한 자신들 특허가 양측보다 더 앞섰을 수 있다고 주장했다. 이는 셀렉티스 파트너인 바이엘을 핵심 위치에 올려놓을 수도 있다.

몬산토와 듀폰은 2021년 들어 크리스퍼로 편집된 작물을 시장에 출시할 준비를 마쳤다. 미국 정부는 이미 초기 크리스퍼 작물인 버섯과 옥수수 품종이 규제 대상이 아니라고 밝혔고, 이로써 크리스퍼 기술은 추진력을 얻었다. 일부 정부는 기업 변호사들이 유전자조작 유기체 사용을 제한하지 않을 것과 심지어 표기 의무를 없애도록 요청한 것에 설득 당했다.

> 유전자 편집 기업 가운데 소수 기업만이 대규모로 사용 가능한 제품을 개발할 수 있다. 증권 시장에서 이들 주식을 사는 것은 위험한 것으로 여겨진다

> 미국 변호사들은 모든 실용 특허와 면허를 위해 싸우고 있다. 새로운 대기업 연합들은 이미 기술 사용에 관여하고 있다

캘리포니아 생명 공학 기업인 씨버스(Cibus)가 개발한 유전자조작 유채는 제초제에 내성을 갖고 있다. 이 유채는 이미 미국 농장에서 재배되며 세계 공급망에 진입했다. 다른 유기체로부터 도입된 유전자가 포함되지 않아 '이식 유전자 없음' 또는 심지어 '지엠오 없음'으로 표시된다.

생명 공학 기업은 나름 꿈의 시나리오를 가지고 있다. 규제도 받지 않고 유전자조작 식품 표기도 하지 않는 새로운 유전자조작 작물을 시장에 내놓는 것이다. 작물에 대한 특허를 보호 받으면서도 유전자조작 식품이라는 표기가 없다는 이유로 가격을 더 높게 책정할 수도 있다. 그리고 정부는 잠재 위험과 그 심각성을 논의하기 위해 많은 시간이 걸리는 시험은 더 이상 요구하지 않는다. 다르게 말하자면 생명 공학 기업은 게놈을 편집할 뿐 아니라, 사전예방원칙(Precautionary Principle)과 문제 제기를 정치 논쟁에서 삭제해 버릴 수 있다. ●

곡물
국제 곡물기업의 두 번째 수확

'ABCD'는 세계 곡물무역을 지배하는
서구 대기업 네 개의 약자다.
이제 중국 기업도 포함된다.

밀, 옥수수, 콩 이 3개 작물은 세계 곡물무역에서 가장 중요한 상품이다. 시장 상황이나 품질과 가격에 따라 이 상품들은 식품과 농업 연료, 사료로 팔린다. 다음으로 중요한 세계 곡물무역 상품은 설탕, 팜유, 쌀이다.

아처 대니얼스 미들랜드 컴퍼니(Archer Daniels Midland ADM), 번기(Bunge), 카길(Cargill)과 루이 드레퓌스 컴퍼니(Louis Dreyfus Company)가 곡물 수입과 수출을 지배한다. 이 네 기업을 묶어 '에이비씨디(ABCD)그룹', 간단히 '에이비씨디'라고 한다. 아처 대니얼스 미들랜드, 번기, 카길은 미국 기업이며, 루이 드레퓌스는 네덜란드 수도인 암스테르담에 있다.

모두 1818년에서 1902년 사이 설립됐고, 에이디엠(ADM)은 오늘날까지 창립한 가족이 영향력을 갖고 있다. 이 기업들은 많은 곡물을 가공하고, 거래하고, 운송하는 일을 한다. 해상 선박, 항구, 철도, 정유소, 사일로, 석유 공장도 소유하고 있다. 세계 시장 점유율은 70퍼센트에 이른다. 카길이 1위, 다음으로 에이디엠, 루이 드레퓌스, 번기가 뒤따른다.

최근 몇 년 중국 국영 기업이자 곡물무역 기업인 코프코(Cofco)는 브라질 옥수수와 콩의 주요 구매자로 떠오르며 에이비씨디 그룹 위상을 약화시켰다. 에이비씨디의 곡물 수출 비중은 2014년 46퍼센트에서 2015년 37퍼센트로 줄었고, 코프코가 45퍼센트를 차지했다.

2015년 러시아 곡물 무역 기업 알아이에프(RIF)가 수출업체 가운데 처음으로 1위를 차지했다. 2010년 러시아 로스토프나도우에 설립된 개인 기업인 알아이에프는 현재까지 가장 힘있는 대기업인 스위스 글렌코어(Glencore), 에비씨디 그룹 가운데 카길, 싱가포르 올람(OLAM)을 넘어섰다. 이러한 발전은 주요 밀 수출국인 러시아와 곡물 수입국인 중국이 큰 역할을 한 탓이다.

에이비씨디 그룹은 세계 모든 지역의 곡물 수확, 가격, 통화 변동, 날씨 데이터와 정치 변화에 대해 잘 알고 있다. 기업은 세계에서 날마다 변화하는 재배 상황 정보를 보고 받고, 기업 재무 전문가가 이를 분석한다. 네 기업 모두 저마다 자회사를 거느리고 있다. 이 자회사들은 가격 위험을 대비해 곡물 거래를 보호하며, 상품선물거래소에서 투기 거래, 그 가운데 특히 시카고 상품선물거래소(CME, 세계 2위 선물거래소, 미국의 선물거래량 약 37퍼센트 차지, 주로 농산물 인도 계약의 권리를 거래.*편집자 주)에 집중한다.

경제전문 미디어 그룹인 블룸버그(Bloomberg)는 카길을 미국 거대 다국적 투자은행의 명성에 빗대어 '곡물무역의 골드만삭스'라 부른다. 세계 곡물 시장에서 급격한 가격 변동이 일어나도 카길은 위협을 느끼지 않는다. 되레 카길은 가격 변동으로 이익을 얻는다. 카길 전문가들은 이미 2012년 농작물 수확이 크게 실패할 것을 인식하고 콩, 밀, 옥수수 가격을 올렸으며 상품선물거래시장에서 거래할 수 있는 선물 계약(미리 정한 가격으로 현재 시점에서 약정, 미래 가치를 사고 파는 것.*편집자 주)을 체결했다. 그런데 2016년 세계 시장 가격이 지속해서 낮아지고 가격 변동이 적어지자 카길과 3개 경쟁사들은 생각보다 적은 수익을 냈다.

곡물무역은 에이비씨디 그룹이 지금껏 해오던 주요 사업 분야지만 점차 비중이 낮아지고 있다. 곡물이나 콩을 가공하거나 오렌지 주스나 초콜릿 같은 식품을 생산하는 일은 오랫동안 사업의 일부였다. 1980년대부터 수직 통합(한 회사에서 두 개 넘는 생산 단계를 통합해 운영하는 방식*옮긴이 주)은 점점 더 중요해지고 있다.

에이디엠은 2014년 견과류, 콩류, 음료와 식품 성분의 과일 향료를 생산하는 세 개 기업을 인수해 더 높은 이윤과 빠른 성장을 달성할 것이다. 블룸버그는 카길이 경작지부터 슈퍼마켓 계산대까지 이르는 공급망의 일부일 뿐만 아니라 공급망 그 자체라고 보도했다.

또한 에이비씨디 그룹은 농업 연료, 플라스틱과 페인트 관련 사업에도 투자한다. 가령 에이디엠은 함부르크에 유럽 최대

5대 곡물기업
매출액이 가장 많은 기업들 본사 위치

- ■ 상장 기업
- ■ 국영 기업
- ■ 가족 소유 기업

① 카길 — 미네통카, 시카고, 화이트 플레인스, 해밀턴*
② 아처 대니얼스 미들랜드
③ 코프코 — 베이징
④ 루이 드레퓌스 — 암스테르담
⑤ 번기

* 해밀턴(버뮤다 수도): 과세 목적상 거주지

*다섯 번째 그룹: 국영 기업은 이제
기존 가족 경영 상장 기업들과 나란히
'글로벌 플레이어'가 됐다*

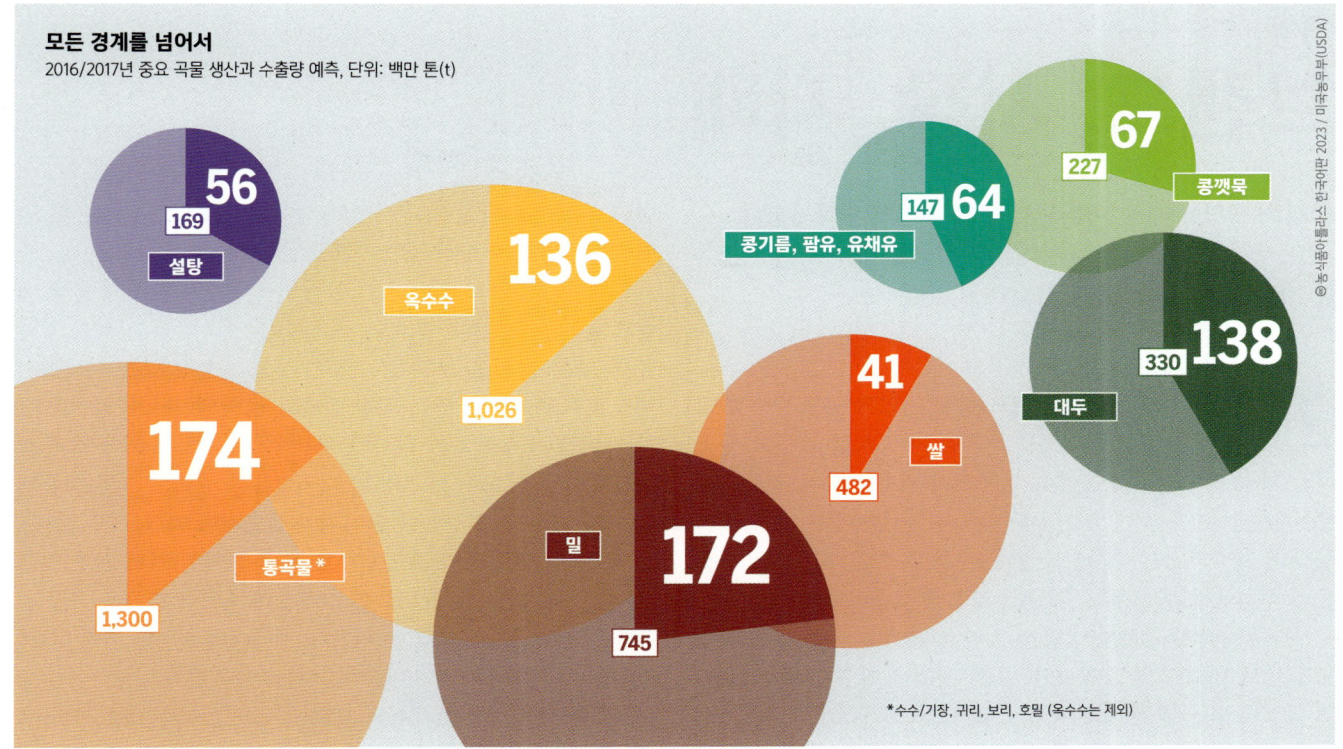

모든 경계를 넘어서
2016/2017년 중요 곡물 생산과 수출량 예측, 단위: 백만 톤(t)

*수수/기장, 귀리, 보리, 호밀 (옥수수는 제외)

유지작물(오일시드, 기름 생산 작물) 처리와 정제 단지를 운영한다. 이곳에서는 유채와 콩기름을 마가린, 제약 글리세린, 바이오디젤로 가공한다.

에이비씨디 그룹의 강력한 시장력은 이들이 세계 곡물 시장에 영향을 미치고, 가격 협상에서 생산자를 상대로 절대 우위를 갖게 한다. 또한 시장 지식을 사용해 금융 활동에서 높은 수익을 창출한다.

이 4개 거대한 농기업은 열대우림의 삼림 벌채에 직간접 책임이 있다. 브라질의 토착 원주민공동체 과라니(Guarani)족은 오랜 삶을 영위해온 터전을 빼앗겼다. 공동체는 번기 그룹이 이

중국의 코프코는 특히 브라질과 거래를 통해 기존 에이비씨디 그룹 가운데 두 기업을 뛰어넘었다

운송 또한 유통에 속한다. 가장 중요한 여덟 개 수출품은 해마다 약 8억 5천만 톤이 적재지로 운송한다

곳에서 생산한 사탕수수를 모두 헐값에 사들였다고 고발했다. 번기는 공급업체가 이 토지에 대한 소유권을 가지고 있다고 생각했으나 사실 계약을 갱신하지 않은 것으로 드러났다.

한편 영국과 미국 소매 기업 체인은 우즈베키스탄 대규모 농장에서 일어나는 아동 강제 노동에 반대하며 우즈베키스탄 제품 구매를 거부했다. 하지만 카길은 여전히 우즈베키스탄에서 생산된 면화의 주요 구매자다. ●

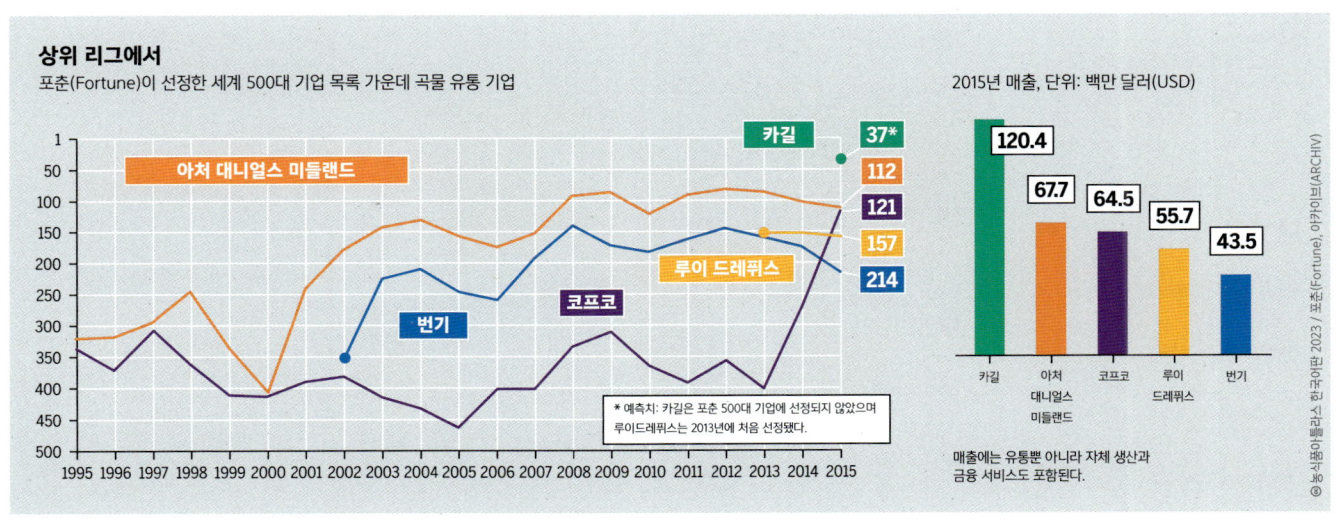

상위 리그에서
포춘(Fortune)이 선정한 세계 500대 기업 목록 가운데 곡물 유통 기업

2015년 매출, 단위: 백만 달러(USD)

매출에는 유통뿐 아니라 자체 생산과 금융 서비스도 포함된다.

식품 가공 기업

브랜드, 시장, 지배

세계 가공식품 매출 50퍼센트를 50개 기업이 차지한다.
소수 기업의 시장점유율은 더욱 커지고 있다.
큰 기업일수록 더 빠르게 성장하고 있다.

21세기 들어 식품 산업에서 경쟁하는 기업의 수는 갈수록 줄고 경쟁하는 기업들 규모는 더욱더 커지고 있다. 규모가 큰 식품 가공 기업들조차도 계속 영향력이 커지는 국제 슈퍼마켓 체인들로부터 압력을 받고 있다. 미국과 유럽 시장은 경쟁이 치열할 뿐 아니라 이미 포화 상태이다. 이 식품 가공 기업들은 신흥 산업국이나 개발도상국을 겨냥한 확장에 집중하고 있다.

증권시장이 글로벌 금융 위기에서 회복된 2010년부터 새로운 합병 바람이 불었다. 2015년 한 해에만 거래 규모가 1,000억 달러가 넘는 합병이 두 차례 있었다. 양조 기업인 앤하이저부시가 경쟁업체인 사브밀러를 인수했고, 케첩 제조업체인 하인즈(Heinz)는 경쟁 식품업체인 크래프트(Kraft)를 인수했다. 새롭게 탄생한 크래프트 하인즈 컴퍼니는 세계에서 여섯 번째로 큰 식품 기업이 됐다. 합병 거래 자금을 마련하고 시장 점유율과 이윤을 늘리기 위해 일자리 감축 같은 큰 비용 삭감이 이뤄졌다.

두 합병 뒤에는 금융 투자자들이 있다. 쓰리지(3G)캐피탈이 두 합병에 모두 참여했는데, 브라질 출신 호르헤 레만이 소유한 이 투자회사는 강력한 비용 삭감조치로 유명하다. 레만은 크래프트-하인즈 합병을 위해 미국 투자자 워런 버핏과 그의 회사인 버크셔 해서웨이와 힘을 합쳤다.

최근 몇 년 동안 천연 제품에 대한 소비자 요구가 높아졌다. 식품 산업은 소비자를 고려해 인공 첨가제를 천연재료로 대체하기 시작했다. 제너럴 밀스(General Mills)나 아처 대니얼스 미들랜드(ADM), 코카콜라, 유니레버(Unilever)와 같은 기업들은 천연 원료와 향료를 생산하는 기업을 인수했다.

커피 시장에서 일어난 인수 합병은 광범위한 제품군을 대상으로 하는 '보편화' 말고도, 세분화된 단일 품목 시장을 겨냥한 '전문화' 경향을 보여준다. 이는 가장 가능성 있는 시장에서 제한된 자원을 집중하는 '시장 집중화' 움직임이다. 독일 억만장자 라이만 가족의 투자 회사인 제이에이비 홀딩은 이제 커피 브랜드 제이콥스 도우 에그버츠, 카리보우와 큐리그 그린 마운틴을 지배한다. 이 회사는 캡슐커피와 캡슐커피 머신도 취급한다. 제이에이비 홀딩은 대규모 인수로 몸집을 키워 커피 시장 선두주자인 네슬레를 압박하고 있다. 네슬레의 커피 완제품 시장 점유율은 23퍼센트에 조금 못 미친다. 제이에이비 홀딩은 이미 약 20퍼센트 점유율을 차지해 네슬레를 거의 따라잡았다.

차(tea) 시장은 유니레버(브랜드 '립톤'), 인도 그룹 타타(브랜드 '테틀리'), 어오시에이티드 브리티시 푸드(브랜드 '트와이닝스')가 세계 차 거래 80퍼센트를 차지한다. 완제품 차 시장은 아직 커피만큼 세계화되진 않았다. 독일은 두 가족 소유 기업이 차 시장을 장악했다. 점유율은 테칸네(Teekanne) 35퍼센트, 오스트프리지쉐 테 게젤샤프트 25퍼센트다.

2010년 유니레버, 네슬레, 다논, 펩시코는 중국과 러시아와 아프리카 같은 새로운 시장으로 사업을 더 확장하겠다는 의사

식품 산업은 성장하고 있지만 가장 큰 기업조차도 항상 모든 지역에서 확장하지는 못한다. 몇몇 세계 기업들은 그 이름조차 알려지지 않았다

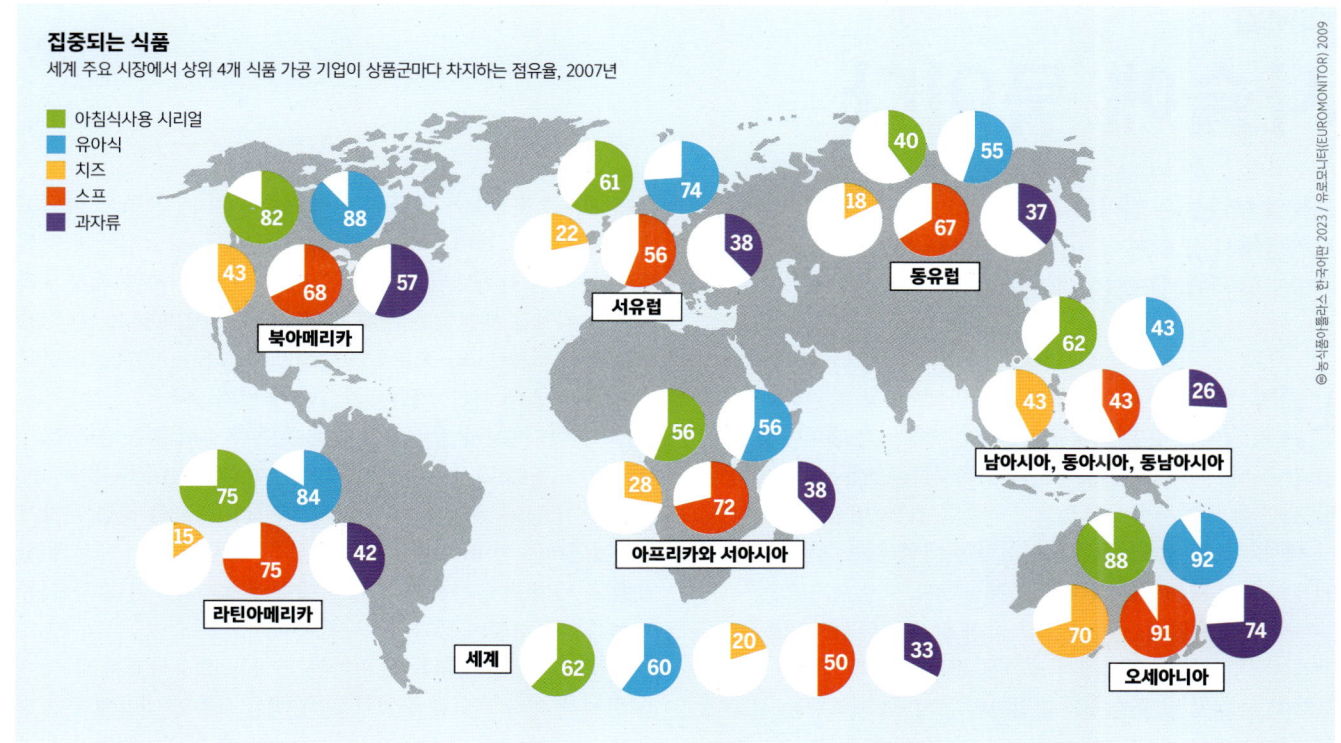

를 밝혔다. 유럽 유가공 기업들은 신규 시장에 특히 큰 관심을 보인다. 2014년부터 2016년까지 이어진 세계 유제품 가격 하락은 소규모 기업들을 압박했고 잇따라 인수와 합병으로 이어졌다. 프랑스 락탈리스(Lactalis)는 2015년에만 9건, 2016년 중반에만 4건을 추가로 인수했다. 다논은 서아프리카 팬 밀크(Fan Milk)의 대주주가 됐다. 스웨덴-덴마크 유가공 기업 알라 푸드(Arla Foods)는 여러 합작 투자사업을 시작했다. 2020년까지 서아프리카에서 판매량을 5배로 늘리는 것이 목표다.

지역마다 직접 운영하는 가공업체들이 많은 탓에 세계 가공식품 시장은 아직 곡물이나 종자, 농약 부문만큼 집중돼 있지 않다. 상위 50개 식품 기업이 식품업계 세계 판매액 50퍼센트를 차지하는데 큰 기업일수록 높은 성장률을 보인다. 이러한 추세는 앞으로 지속될 것이다. 먹거리가 국경 없이 유통되고, 다양한 제품을 갖춘 초국적 기업이 확장하면서 생긴 식습관 변화는 선진국뿐 아니라 신흥산업국과 개발도상국에서도 일어나고 있다. 신선 식품들이 피자나 수프 같은 즉석식품을 포함해 고도로 가공된 초가공식품으로 대체되고 있다.

비만과 당뇨병, 만성 질환은 이러한 변화의 결과다. 단백질이나 비타민, 프로바이오틱스, 오메가-3 지방산 같이 영양이 풍부하게 함유된 즉석식품 또한 점점 늘어나고 있다. 식품 기업 스스로 만든 영양과 질병 문제를 드러내며 '건강한' 식품을 앞세우고 있다. 건강을 의식하는 소비는 이렇게 식품 기업의 수익성 좋은 사업 분야가 됐다.

대형 소매 기업 체인의 가격 압박 아래 놓인 식품 기업들은 신흥 시장을 장악하는 데 초점을 맞추고 있다. 공급망 안에서 다른 주체들과 협력하는 것이 중요한 전략이 됐다. 식품 기업들은 공급망 상류 단계(생산자 방향)인 곡물 무역업체와 공급망 하류 단계(소비자 방향)인 대형 소매업체 사이 연결망을 이루고 있다. '기업 대 기업'의 경쟁은 '공급망 대 공급망'의 싸움으로 확대되고 있다. ●

국내와 세계 대형 식품 가공 기업들이 많은 지역과 상품들을 장악하고 있다

불법 가격 담합에서 시장 지배를 위한 지위 남용까지, 식품산업은 수많은 수사의 원인이다

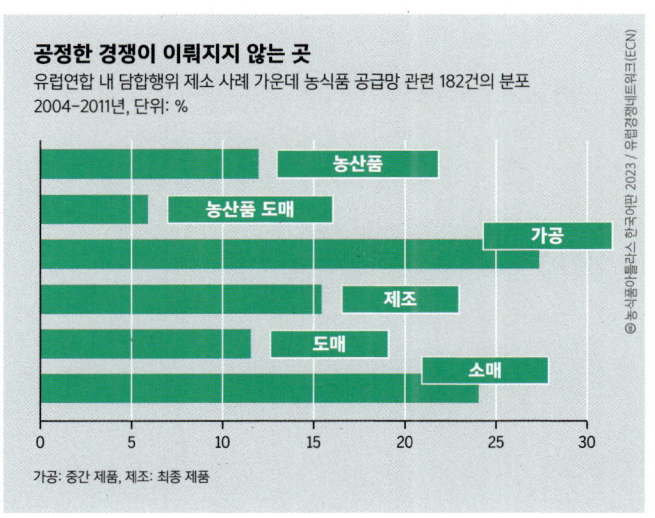

소매업
사슬에 묶이다

오늘날 사람들은 월마트나 리들 같은 슈퍼마켓 체인점에서 장을 본다. 이제 '슈퍼마켓 혁명'은 개발도상국에서도 일어나고 있다.

대형 소매점인 하이퍼마켓(슈퍼마켓, 대형 할인점, 백화점의 형태가 결합된 대규모 소매업*옮긴이 주)과 슈퍼마켓, 할인점 같은 현대 소매업은 특히 선진국과 신흥산업국의 식품 공급망, 생산과 소비 사이에서 중요한 역할을 한다. 비중이 큰 농산품이 대부분 여기서 판매된다. 이러한 소매점들은 수십억 사람들에게 수없이 많은 종류의 식품을 제공한다.

식품 소매업계는 식품산업 방향을 좌우하는 큰 영향력을 갖게 됐다. 이들은 매장에서 제품을 판매할 공급업체 뿐 아니라 고객이 구매할 상품까지도 결정한다. 또한 소매업계는 식품 생산에도 갈수록 큰 영향을 미치고 있다. 1980년대부터 이어진 무역과 투자의 자유화와 식품 시장의 규제 완화는 슈퍼마켓 체인의 성장을 부추기고 농민들의 교섭력을 약하게 만들었다. 또한 도시 계획과 지역 개발로 도심 외곽에 대규모 소매 시설 개발을 부추겼다.

선진국뿐 아니라 개발도상국에서도 식품 소매 부문에서 집중화가 계속 강화됐다. 세계 최대 소매기업인 월마트는 소매 부문에서 단독으로 세계 매출 6.1퍼센트를 차지했다. 미국, 중국과 함께 세계 3대 소매시장인 유럽연합에서는 식품 소매 거래 50퍼센트 가량을 10대 식품 소매기업이 차지하는데 독일 기업이 4개, 프랑스 기업이 4개, 영국 기업이 2개다. 몇몇 유럽연합 국가에서는 다른 곳보다 식품 소매시장의 집중도가 더 높다.

할인 소매점들은 앞다퉈 마케팅을 하며 매우 빠른 속도로 확장하고 있다. 게다가 이 식품 소매기업들은 공급업체에 지불하는 가격을 깎아내리고 있다. 알디(Aldi)를 비롯한 대부분의 할인 소매기업 체인들은 자체 브랜드상품(PB)을 갖고 있다. 할인 소매점 리들(Lidl) 소유주인 슈바르츠 그룹은 2014년 유럽에서 가장 큰 소매 기업이 됐다. 알디는 네 번째였다.

그 어느 때보다 강력하게 식품 소매 부문이 성장하고 있다. 특히 인도, 인도네시아, 나이지리아 같이 '중하위소득국가'들에서 성장이 눈에 띈다. 소득 증가와 도시화, 외국인 직접 투자가 이뤄지면서 슈퍼마켓 체인은 과거 선진국보다 더욱더 빠르게 성장했다. 남반구 국가들은 초국적 대형 유통기업들이 눈독을 들이는 중요한 시장이 됐다.

이 나라들의 정부는 슈퍼마켓 건설을 장려하고 투자 규제를 완화해 외국 기업을 유치하고, 현대식 식품 소매업에 우선권을 줘 경제 성장을 촉진하고자 한다. 처음엔 라틴아메리카에서, 그다음엔 동남아시아에서 20년도 안 되는 기간에 슈퍼마켓 판매액이 전체 소매 판매액 5퍼센트에서 50퍼센트로 성장했다.

이러한 변화는 현재 중국 여러 지역에서도 진행되고 있다. 이제 인도와 동아프리카에서도 같은 변화가 일어나고 있다. 남아프리카에서는 이미 슈퍼마켓 체인이 소매업을 주도하고 있다. 4대 슈퍼마켓 체인이 식품 소매 전체 판매액 가운데 약 65퍼센트를, 영수증이 발행된 공식 식품 소매 판매액 97퍼센트를 차지한다. 이 가운데 가장 큰 규모인 숍라이트(Shoprite)는 16개 넘는 아프리카 국가에서 영업하고 있다.

슈퍼마켓이 확대될 때 대체로 세 가지 상품 영역에서 변화 '물결'이 뚜렷하게 드러난다. 첫 번째는 포장 가공식품이다. 육류나 채소 통조림, 쌀과 향신료 같은 건조 제품들이 여기에 포함된다. 두 번째는 신선 우유나 포장 신선육 같은 부분 가공식품에서 일어난다. 세 번째는 신선한 과일과 채소다. 이런 '슈퍼마켓 혁명'은 전통 상점과 시장의 희생을 대가로 한 것이다.

소매기업들은 처음에는 현지 도매시장에서 상품을 구매하지만 얼마 못 가 선호하는 몇 개 공급업체들로 구매처를 바꾼다. 소매업 기업들은 자신의 공급망에서 소규모 현지 생산자를 점차 배제한다. 대신 대량생산이 가능해 이윤을 남기기 좋은 나라 안팎 중대 규모 농장에 의존한다.

세계 10대 소매기업의 본사
기업 매출 순위, 2014년

- 상장 기업
- 비공개 기업/가족 소유 기업

1. 월마트
2. 코스트코
3. 크로거
4. 슈바르츠/리들
5. 테스코
6. 까르푸
7. 알디
8. 메트로
9. 타겟
10. 오샹

식품 기업이 아닌 경우도 포함

모든 주요 식품 소매기업 체인들은 미국이나 유럽 기업들이며, 세계 전역에서 확장하고 있다

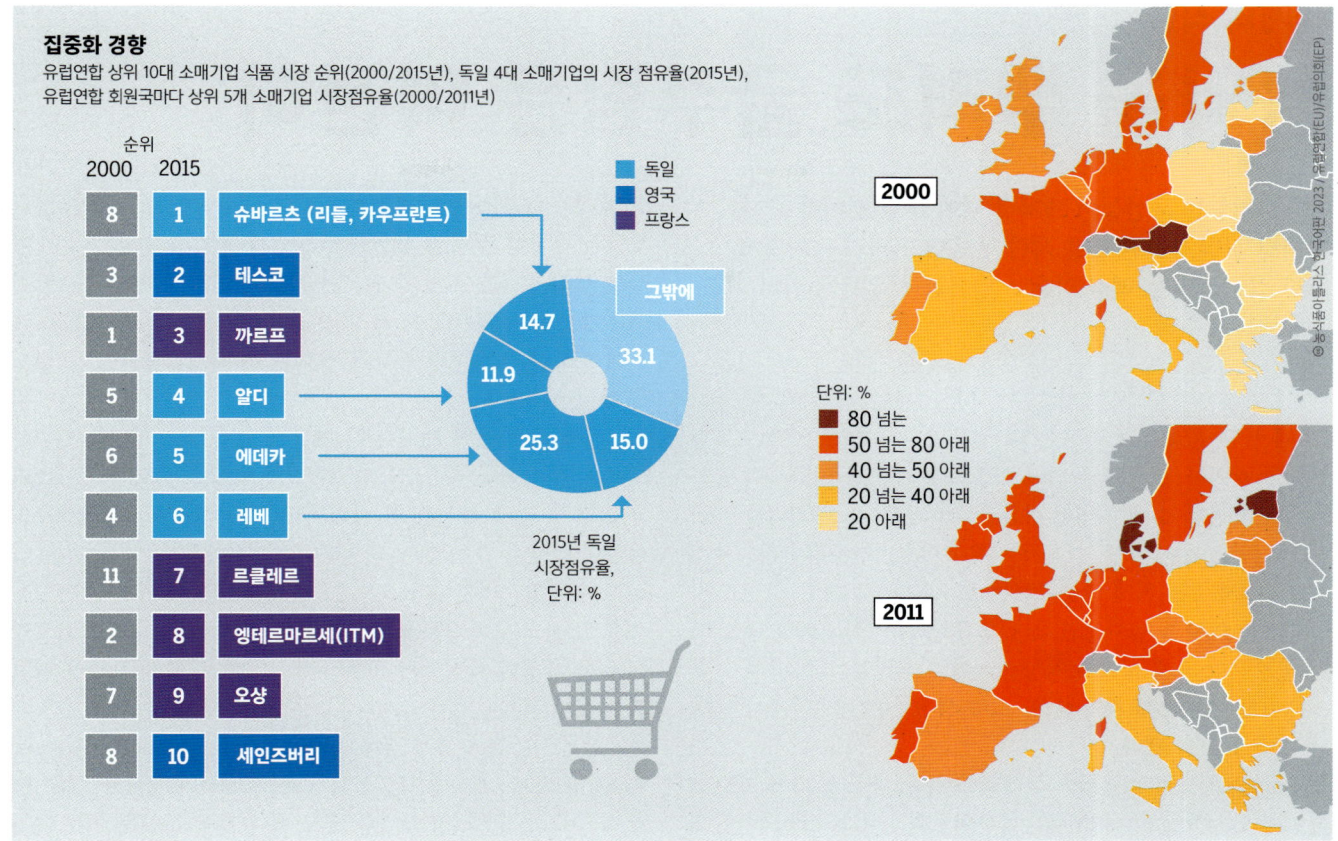

소규모 생산 농장들은 선호 공급업체 목록에 계속 남기 위해 슈퍼마켓의 품질 표준을 따를 수밖에 없다. 결국 공급망에서 하류 단계인 상품 포장 같은 일을 맡는다.

규모는 슈퍼마켓 체인의 시장지배력을 결정하는 핵심 요인이다. 슈퍼마켓의 시장 점유율이 높을수록 식품 유통에 대한 통제력도 커진다. 공급업체에 더 좋은 조건을 요구할 수도 있고, 이윤을 더 늘릴 수도 있다. 공급업체에 대한 압박은 슈퍼마켓 선반에 제품을 진열하기 위해 돈을 내고, 광고나 신규 사업에 자금을 지원해야 하는 불공정한 구매 관행으로 이뤄진다.

대형 소매기업의 공급업체는 이러한 압력을 공급망을 거슬러 생산자에게 떠넘긴다. 생산지 국가에서 생산 업체는 직원 임금을 줄이고 근무 시간은 늘린다. 이런 관행 탓에 소규모 공급업체와 가족 농장은 시장에서 밀려나고, 공급업체 힘은 더욱 커진다. 슈퍼마켓 체인들이 중대규모 농장을 선호하면 할수록 농업은 더욱 산업화 된다. ●

대형 소매기업 체인점 순위는 매우 큰 역동성을 보여준다. 개별 기업 사이 경쟁과 순위 변동에도 전체 시장 점유율은 계속 커지고 있다

그들은 무엇이 고객을 끌어들이는지 알고 있다. 바로 싼 상품이다. 소매기업들 사업 모델은 모든 방향에서 가격 압박을 기반으로 한다

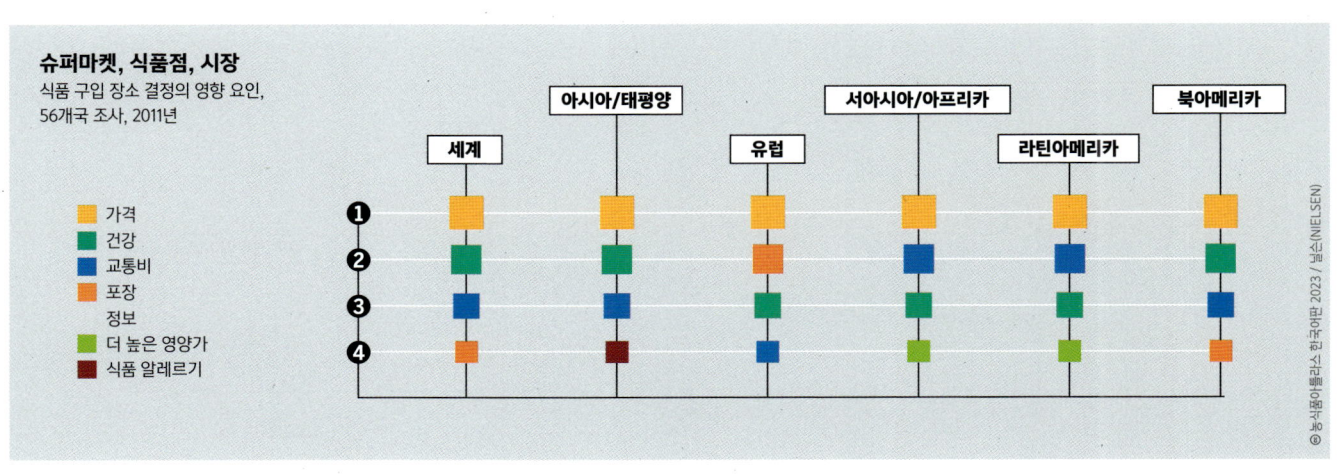

세계의 식량
농약을 뿌려도 굶주림은 여전히

농식품기업은 자신들이 세계를 먹여 살릴 것이라 한다. 하지만 정말 중요한 것은 식량 부족이 아니라 먹거리에 대한 접근성이다. 핵심 과제는 빈곤과 싸우는 것이다.

기업들이 주도하는 산업화된 식량 체계는 모든 사람에게 확실한 공급을 보장하는 데 실패했다. 기업들은 앞으로도 실패할 것이다. 산업형 농업이 의존하는 자연과 지역사회가 심각하게 훼손됐기 때문이다. 식품을 생산하는 많은 기업들은 더 많은 식량을 생산하며 '기아와 싸우고 있다'고 주장한다. 이 주장은 사실을 지나치게 단순화하며 호도한다.

지난 역사를 돌아보면, 산업형 농업이 시작되면서 주요 작물 생산량이 크게 늘었다. 동남아시아와 태평양, 남아시아, 라틴아메리카, 카리브해 지역 1인당 식량 생산량은 1961년에서 2001년 사이 두 배가 됐다.

물을 댄 농지에 면적당 수확량이 높은 품종을 심어 고도로 특화된 단일작물을 재배하고, 화학비료와 농약을 많이 쓴 탓에 생산량이 늘어났다. 이러한 변화로 많은 농민들이 빈곤에서 벗어났고 영양 상태도 개선됐다. 사람마다 하루에 쓴 칼로리는 어느 때보다도 많다. 하지만 이 성공은 심각한 문제들을 숨기고 있다.

첫째, 기아는 사라지지 않았다. 아직도 세계는 약 8억 명이 영양실조를 겪고 있다. 이 문제는 고르지 않은 식량 분배와 관련돼 있다. 이는 다시 빈곤과 사회적 배제로 이어진다. 산업화한 식량 체계는 불평등을 더욱 악화시켰다. 굶주림을 겪는 절반 넘는 사람들 대부분은 독립 생산자인 농민과 농업 노동자들이다. 따라서 핵심 질문은 어떻게 생산을 늘릴 것인지가 아니다. 중요한 것은 농업을 통해 어떻게 가장 가난한 사람들의 생활 조건을 개선해 그들에게 적절한 소득과 건강한 먹거리를 보장할 수 있도록 하느냐이다.

둘째, 수확량에 대한 집착 때문에 효율성을 개선하기 위한 노력은 거의 이뤄지지 않았다. 그 결과 막대한 칼로리가 낭비되고 있다. 오늘날 세계는 한 사람마다 하루 약 4,600킬로칼로리 정도의 식량을 수확한다. 하지만 실제 소비할 수 있는 것은 약 2,000킬로칼로리뿐이다. 600킬로칼로리 정도 식량의 순손실은 수확 뒤 재고와 비축품 부패로 발생한다. 추가로 800킬로칼로리는 유통 과정과 가정에서 손실이 일어나며, 식량을 동물용 사료로 바꾸면 추가 손실은 1,200킬로칼로리에 달한다.

이 수치는 스톡홀름 국제 물 연구소(Stockholm International Water Institute) 시카고 상품선물거래소(CME, 세계 2위 선물거래소, 미국의 선물거래량 약 37퍼센트 차지, 주로 농산물 인도 계약의 권리를 거래.*편집자 주)가 2008년 발표한 것이다. 연료용 작물 생산을 포함해 최신 데이터가 반영되면 손실은 더 커질 것이다. 따

몇몇 지역에서는 단위면적당 수확량이 여전히 늘고 있다. 몇몇 지역에서는 산업형 농업이 불러온 문제가 수확량에 나타났다

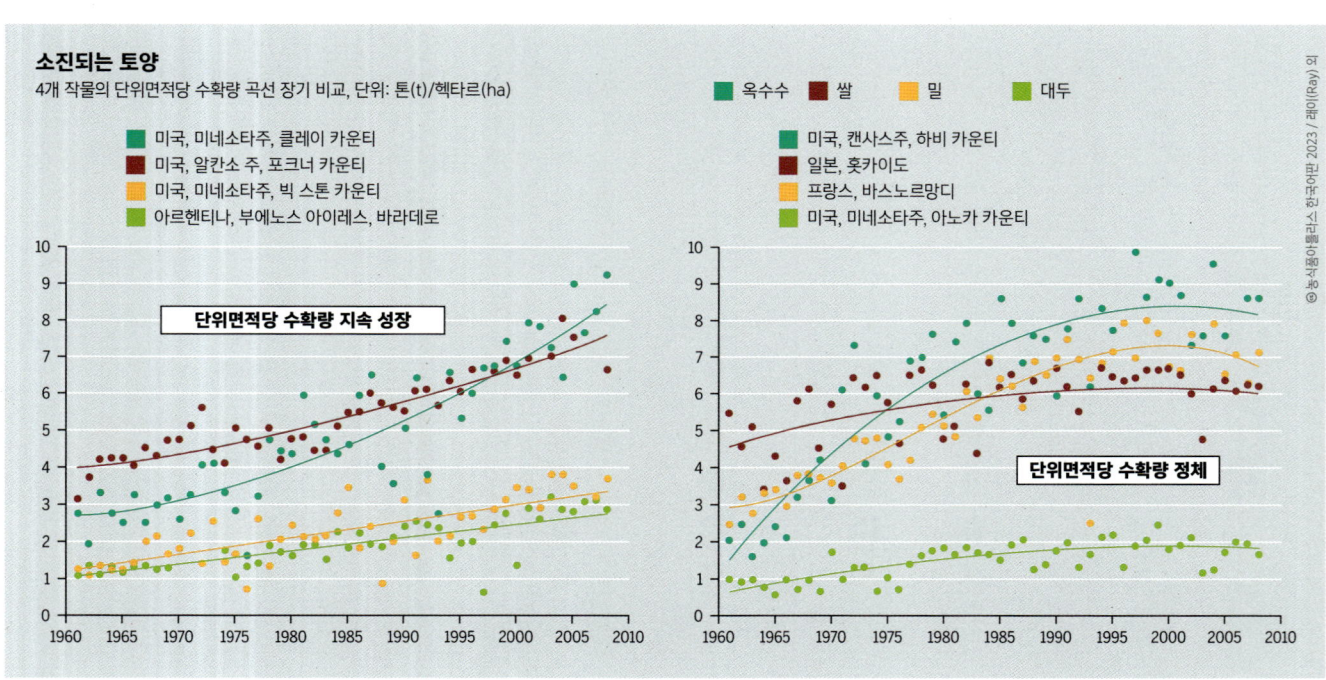

소진되는 토양
4개 작물의 단위면적당 수확량 곡선 장기 비교, 단위: 톤(t)/헥타르(ha)

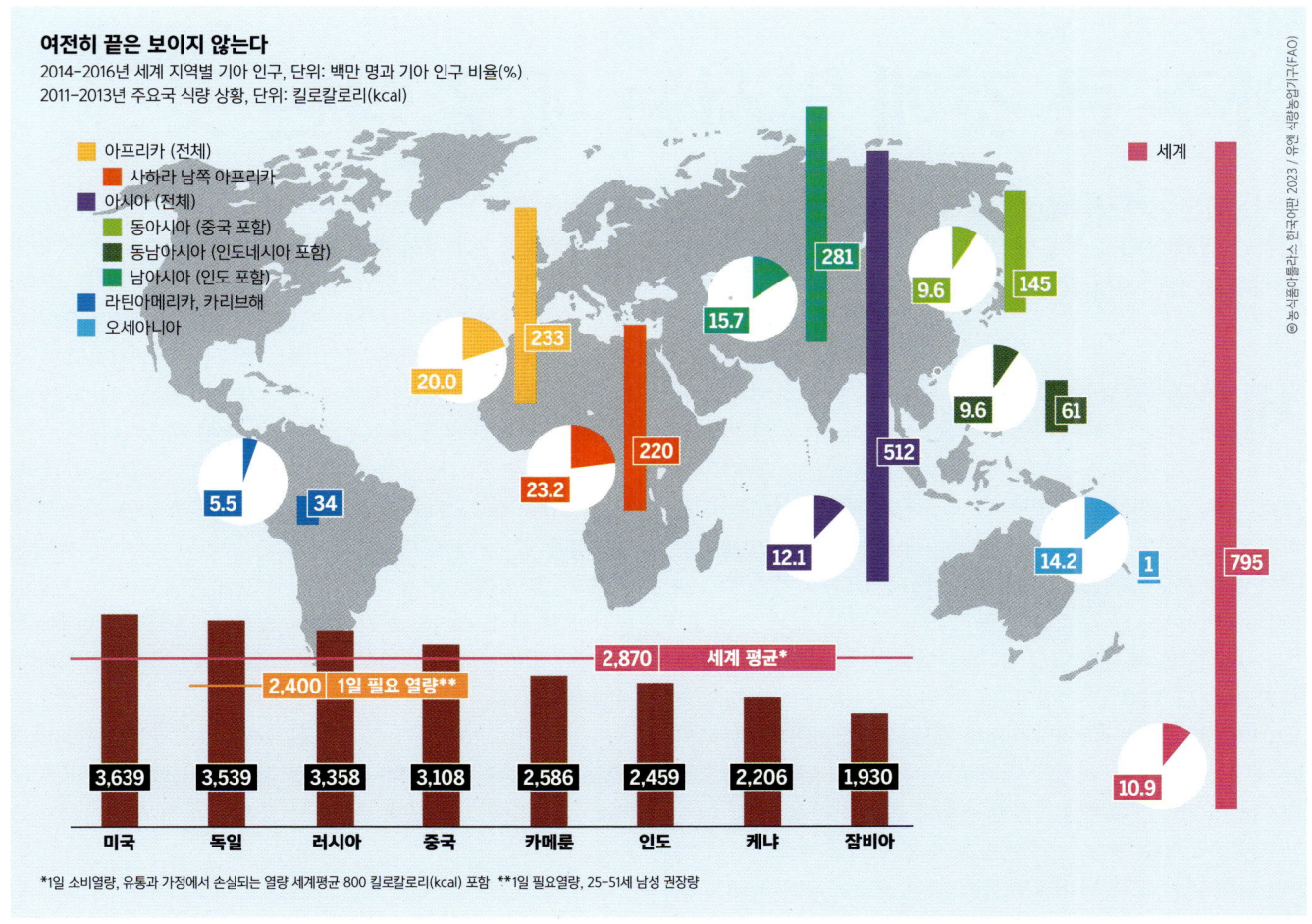

굶주리는 세계 인구의 4분 1 넘는 사람들이 아프리카에 산다. 이 지역의 영양실조는 지난 20년 사이 크게 늘었지만, 다른 모든 곳에서는 줄고 있다

라서 유엔 세계식량기구(FAO)는 '2050년 수요를 충족하려면 식량이 60퍼센트 더 필요하다'고 말하기 전, 공급하는 식량을 어떻게 공정하게 분배할 것인지를 더 고민해야 한다.

그동안 산업형 농업이 생태계를 착취하면서 먹거리를 공급하는 세계 식량 체계 능력은 낮아졌다. 농산업은 토양 황폐화의 주요 원인이다. 현재 세계 농업용지는 20퍼센트 넘게 훼손됐다. 해마다 1,200만 헥타르 정도가 우려할 만한 속도로 황폐화되고 있다. 이는 필리핀 전체 농지 면적과 맞먹는 규모다.

또한 지나친 농약 사용은 멀리 봤을 때 생산성에 큰 손실을 불러온다. 농업은 해충이나 잡초, 바이러스, 곰팡이, 박테리아 같은 병충해 방지에 쓰는 농약에 그 어느 때보다도 빠르게 적응하고 있다. 이는 대부분 농약을 전보다 더욱더 강력하게 살포하는 결과로 이어진다. 농약 사용의 증가와 저항성이 늘어나는 악순환은 농민에게는 비용 증가를, 환경에는 더 많은 훼손을 뜻한다.

이런 효과는 이미 농업 생산성에도 영향을 미치고 있다. 산업형 재배 체계에서 주요 작물의 생산성은 세계 여러 지역에서 이미 수십 년 동안 정체돼 있다. 이 사실은 가령 미국 캔자스주 옥수수나 일본 북쪽 섬 홋카이도 쌀 조사로 알려졌다.

1961년부터 2008년까지 세계 단위면적마다 수확량 변화를 다룬 수많은 연구, 이른바 메타 분석이라는 방법으로 비교한 결과 옥수수와 쌀, 밀, 콩 재배 지역 약 3분의 1에서는 수확량이 늘지 않거나 초기에만 늘었다가 줄어들었다.

농화학 기업과 산업형 농업의 사업 모델 또한 같은 맥락에서 중요한 역할을 한다. 문제는 산업형 재배 체계가 한편으로는 전문화, 다른 한편으로는 생산 균일성에 바탕을 두기 때문에 발생한다. 결국 화학 '투입물'에 강하게 의존하게 된다. 생산성 증대에는 반드시 대가가 따르기 마련이다. 지금이나 나중, 해당 지역이나 다른 지역, 직접이나 간접으로 산업형 농업을 따르는 사람들뿐 아니라 그 결과로 고통을 겪는 모든 이들이 대가를 치르게 된다.

이 모든 것을 고려하면 가장 중요한 것은 농업 생산성이 높아질수록 누구에게 이익이 되는지 따져봐야 한다는 것이다. 산업형 농업은 환경뿐 아니라 농민 생계도 지켜주지 못한다. 세계를 먹여 살리지도 못한다. 세계 여러 지역에서 쌀 재배 방식이 변화하는 현상은 생태적 농업이 대안이라는 것을 보여준다. 환경을 훼손하지 않으면서도 수확량을 올리고, 자신들이 속한 사회 체계와 조화를 이루는 다양한 농업 체계가 바로 그것이다. ●

대안

아주 큰 것에 맞서는 매우 작은 것

생태농업은 지역 생태계에 적응하는 소농에 초점을 맞춘다. 생태농업을 적용한 쌀은 세계 곳곳에서 재배되고, 유럽에서 실험이 계속되고 있다.

세계는 정의롭고 생태적으로 지속가능한 먹거리 체계를 만들기 위해 노력하는 선구자들이 많다. 한 걸음 한 걸음씩 먹거리와 농업 전환을 만들어가고 있다. 생태농업(농생태학, 생태적 영농 방식이라고 함 *편집자 주) 개념으로 세계 농업인들과 사회운동은 산업형 농업의 대안을 만들어냈다. 학계, 시민사회뿐 아니라 유엔과 정부들도 이 개념을 받아들였다. 하지만 주류로 도약하려면 아직 갈 길이 멀다.

사람들은 생태농업을 유기농업과 동일시하거나 적은 자원으로 더 많은 생산을 목표로 하는 '지속가능한 집약화(Sustainable Intensification, SI)' 개념과 혼동하곤 한다. 하지만 생태농업은 기존 체계에 내재된 논리와 권력 관계에 의문을 제기하며, 지역 생태계에 적응한 소농에 희망을 걸고 있다.

지역에서 쓸 수 있는 자원을 효과 있게 사용하고, 영양소와 에너지의 닫힌 순환 체계를 만들어 자연 과정을 닮은 형태로 최적화한다. 생태농업은 농기업들에 대한 의존도를 줄인다. 식물 부산물, 가축 분뇨나 나무를 통해 영양분을 잘 공급할 수 있기 때문에 토양 비옥도를 위한 산업용 비료가 필요하지 않다. 병해충은 농약이 아니라 혼작으로 통제한다. 작물이 해충을 쫓거나 유용한 곤충을 끌어들이는 식물과 함께 재배한다. 널리 알려진 이 방법을 '밀고 당기기(push and pull)'라 한다.

소농들은 기업에서 하이브리드 종자(Hybrid Seed, 'F1' 종자라고도 함. 서로 다른 품종의 좋은 특성만 교배해 만든 잡종 1세대, 다음 세대(F2)로 특성이 전달되지 않아 발아되지 않거나 기형이 발생한다. *편집자 주)를 사는 대신 종자를 직접 채종하고, 추가로 찾아내 지역 종자은행과 교환 연결망을 통해 나눈다. 이런 종자들은 지역 환경과 기후 조건에 잘 적응한 것들이다.

관행농업은 사용할 수 있는 물, 토양, 기후 조건이 좋고, 동시에 생산성 높은 종자를 심고 적합한 비료와 농약을 사용해 수확량을 높일 수 있다. 대부분 소농들은 관행농민보다 경제 상황이 좋지 않아 생산성 높은 값비싼 품종이나 비료와 농약을 살 형편이 못 된다. 게다가 조건이 좋지 않은 농지에도 만족해야 한다. 따라서 소농에게는 현지 조건에 적응하는 생태농업 방법이 적합하다.

가령 아시아와 아프리카, 라틴아메리카의 50개 넘는 나라의 소농 1,000만 명은 '벼 집약생산 체계'(SRI, System of Rice Intensification, 1980년대 프랑스 선교사가 소개, 아시아와 아프

프랑스에서는 생산자와 소비자를 직접 연결하는
연대농업 체계이자 소농 운동인 아맙(AMAP, Association
Pour Le Maintien D'une Agriculture Paysanne)은 회원들이
소비자들과 몇 달 또는 1년 공급계약을 맺는다

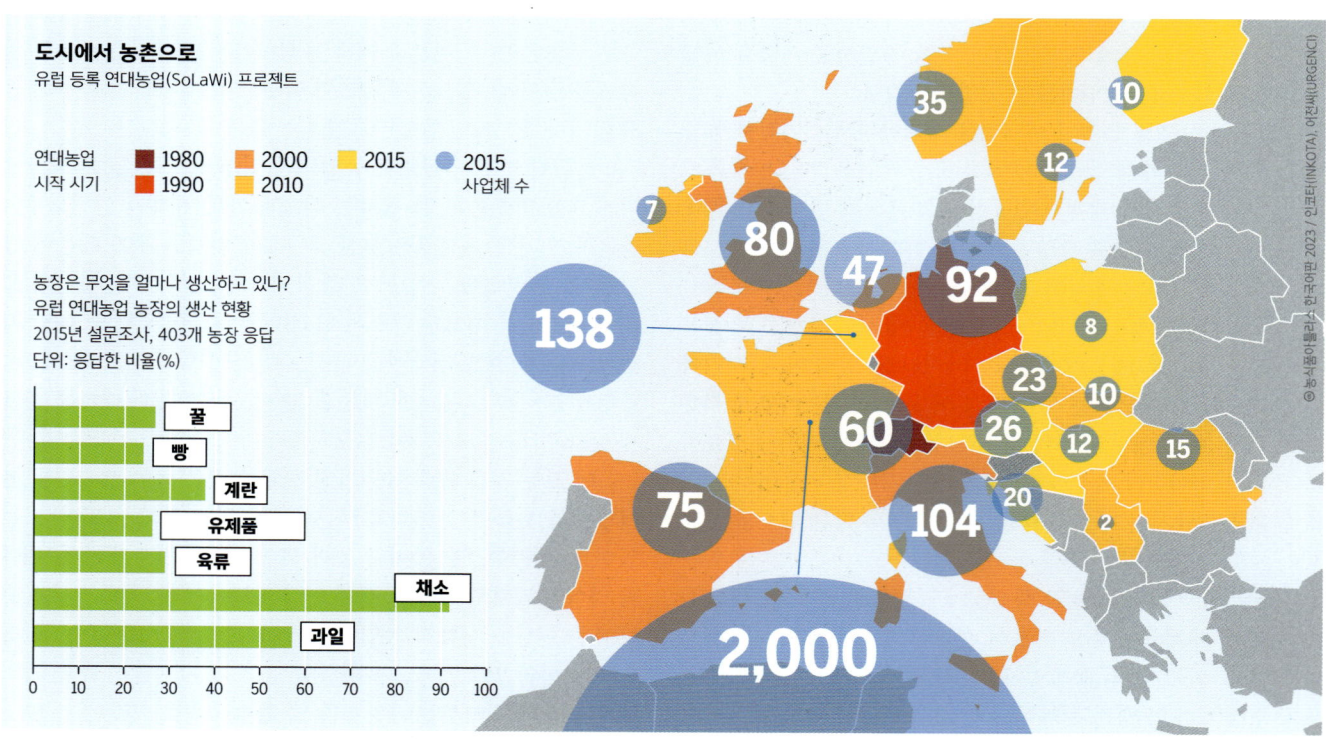

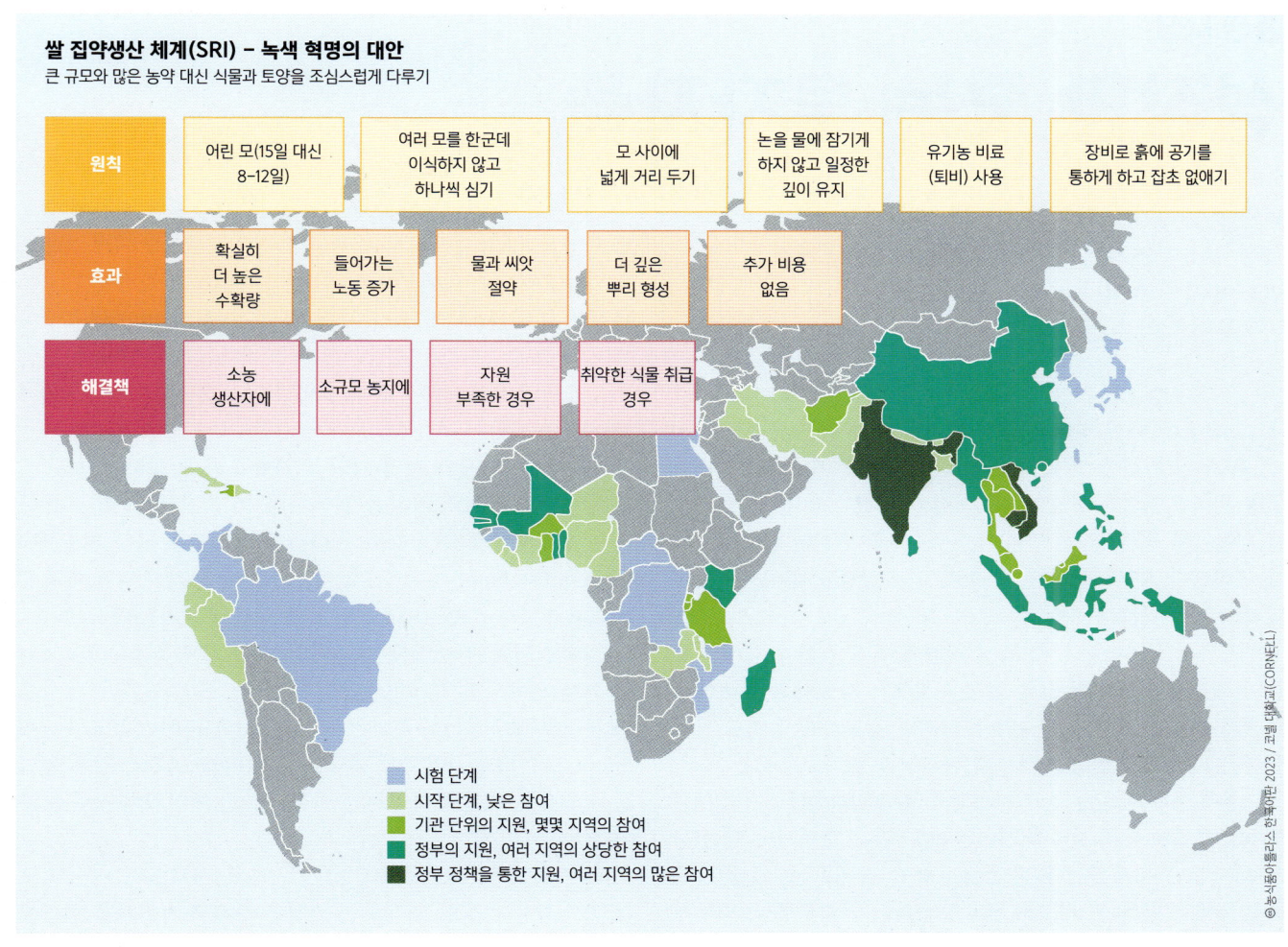

> 쌀 집약생산 체계(SRI)는 많은 사회적, 생태적
> 이점이 있다. 기후변화 시대에도 유효하다.
> 이 농법이 빠르게 전파되고 있다

리카 약 50개국 보급 실천 중임. 외부 환경에서 들어오는 자원을 최소화해 고품질 다수확을 극대화함.*편집자 주)를 통해 관행농법보다 최대 47퍼센트 높은 수확량을 달성할 수 있었다. 또 멀리 보면 토양 비옥도까지 지킬 수 있다.

소비자들 또한 기업으로부터 독립할 수 있다. 유럽과 미국에서 연대농업(SoLaWi, Solidarische Landwirtschaft) 운동이 슈퍼마켓 장보기를 대신하는 대항 모델을 만들고 있다. 소비자들은 생산자들과 힘을 모아 농업경영체의 한 해 농사를 함께 계획한다. 비용은 공동으로 부담하고, 그 대가로 소비자들은 수확물에 대한 고정 지분을 갖는다. 유럽은 현재 약 2,800개 연대농업 조직이 50만 명에게 먹거리를 제공한다.

많은 도시에서 열리는 주간 상설시장의 농산물은 대부분 중간 유통업자 없이 거래된다. 특히 지역 농산물을 홍보하는 농민시장은 주요 대안이 됐다. 지자체에서 후원하는 농민시장은 생태농업으로 농사를 짓는 농민들이 지역 판매 시장에 다가갈 수 있는 좋은 기회다. 가령 콜롬비아 수도 보고타 농민시장의 판매 가격은 소매점보다 최대 30퍼센트 저렴하지만, 생산자가 가져가는 수익은 약 25퍼센트 더 많다.

유럽연합뿐만 아니라 다른 나라들에서도 먹거리 체계를 만드는 주체들과 지식과 자원을 모두 모아 연결하는 협의체가 있다. 이는 지역 먹거리 체계의 방향을 바로잡기 위한 전략으로 이어질 수 있다.

미국과 캐나다, 영국의 먹거리정책위원회는 이미 시민사회, 지역 경제, 과학, 정치와 행정을 위한 중요한 연결고리 역할을 하고 있다. 가령 토론토 먹거리정책위원회는 지역 먹거리 체계 문제를 해결하기 위한 행동 계획을 채택했다. 여기에는 농가 소득 제고, 학교 급식, 건강 교육 같은 주제가 포함됐다.

독일은 2016년 베를린과 쾰른에서 먹거리정책위원회가 설립됐고, 더 많은 협의체가 만들어지고 있다. 남반구에도 비슷한 조직이 있다. 브라질에서는 1993년 '국가식량안보위원회'가 설립됐다. 위원회는 학교급식 프로그램을 만드는 일을 지원했다. 전국에서 4,500만 명이 넘는 어린이와 청소년들에게 날마다 음식을 공급하고 있다. 대부분 소농들이 생산한 것이다.

지역 먹거리 체계를 공동으로 만드는 이런 논의 체계는 지속가능하고 민주적인 먹거리 체계로 전환하기 위한 효과 있는 방법이 될 수 있다. ●

증권시장

성장만 좇는 투자자들

농업 부문에 대한 투기가 그 어느 때보다도 극심하다. 투기자본이 개입하면서 주식시장 가격 변동이 자주 일어나고, 펀드와 금융인들은 이로부터 이익을 얻고자 한다.

농산물에 대한 과도한 금융 투기를 막기 위한 규제들은 지난 십여 년 동안 계속 완화됐다. 세계 먹거리체계에 대한 금융 서비스 기업들의 영향력은 점점 더 커졌다. 2005년 미국 곡물 선물거래 규제기관은 밀과 옥수수, 콩에 대한 투기 거래 규제를 완화했다. 몇몇 펀드들은 2006년 남아있던 규제에서도 벗어났다.

곡물 선물거래는 미래 특정 시점에 미리 정한 가격과 수량을 구매하거나 판매할 것을 현재 시점에서 약정하는 거래이다. 미래의 가치를 사고파는 것이다. 하지만 정교하게 설계된 금융상품은 시장 가격 변동을 강하게 뒤흔들 수 있다.

규제 변화 때문에 골드만삭스(Goldman Sachs), 모건스탠리(Morgan Stanley), 시티뱅크(Citibank) 같은 은행이나 다른 금융 회사들은 새로운 종류의 금융상품을 판매할 수 있게 됐다. 농산물에 바탕을 둔 새로운 금융상품들은 국가로부터 거의 통제 받지 않는다. 통화, 이자율, 가격 위험 요소를 고려하거나 여러 상품을 동시에 아우르거나 다른 금융상품으로 지급될 수도 있다.

이 같은 신종 금융상품을 다루는 시장은 최근 몇 년 동안 빠르게 성장했다. 2006년부터 2011년 초까지, 세계 금융위기가 극에 달했던 시기 앞뒤로 농산물에 대한 투기성 투자는 650억 달러에서 1,126억 달러로 두 배 늘었다.

투기는 농지나 농산물에 바탕을 둔 투자 수요 증가에 중요한 역할을 한다. 미국의 밀 선물거래 시장의 투기성 거래 비중은 1990년대 중반 12퍼센트에서 2011년 61퍼센트로 증가했다. 오늘날에는 70퍼센트에 달한다. 연금기금은 농산물 기반 금융상품에 투자한 수익으로 미래에 지급할 퇴직연금을 마련한다. 연금기금의 농업 투자액은 2002년 660억 달러에서 2012년 3,200억 달러로 급등했다.

현재 수백 개의 농업 기반 투자펀드가 존재하며, 이들은 수십억 달러 규모의 자산을 관리한다. 가장 큰 펀드 가운데 하나는 도이체방크(Deutsche Bank)가 설립한 농산물 펀드(DB Agriculture Fund)다. 이 펀드는 7억 4천만 달러가 넘는 자산을 관리하고 주로 옥수수와 콩, 밀, 커피, 설탕에 투자한다.

세계 최대 투자회사 가운데 하나인 블랙록(BlackRock)은 2007년에 2억 2,300만 달러짜리 펀드를 설립했다. 여기에는 몬산토(Monsanto)나 신젠타(Syngenta), 타이슨 푸드(Tyson Foods), 디어(Deere), 아처 대니얼스 미들랜드(ADM) 같은 농업 생산과 유통 체인에 다양하게 연결된 모든 기업의 주식이 포함된다.

카길(Cargill), 번기(Bunge), 아처 대니얼스 미들랜드(ADM) 같은 곡물을 거래하는 기업은 자체 투자회사를 설립했다. 이들은 투자 상품을 판매할 뿐 아니라 농업 관련 자산을 구매한다는 점에서 독특한 이중 역할을 한다. 재고나 판매 여부를 결정해 가격에 영향을 줄 수 있기 때문에 이들의 영향력이 커지고 있다. 이 기업들은 새로운 금융시장에서 상당한 이익을 얻을 수 있다.

미국의 기관투자자들은 막대한 자본을 운용하는데 여기에는 보험회사, 연금기금, 투자펀드, 헤지펀드(정부 규제와 세금회피를 위해 100명 아래 투자자의 자금을 모아 운용하는 투기성 펀드, 공모절차에 따라 지분을 모집하지 않고, 투자회사로 등록되지 않는 투자신탁.*편집자 주), 대학 기부기금이 포함된다. 흔히 기관투자자들은 많은 노력이 필요하지 않은 금융자산을 구매하고 오랫동안 보유하는 소극적인 투자를 선호한다. 새로운 농업 분야 투자는 이러한 투자전략에 잘 맞는다.

여기에는 상장지수펀드(ETF)의 구매 또한 포함된다. 상장지수펀드는 다우 존스 지수(Dow-Jones-Index)나 상품선물거래소의 농업지수 같은 증권시장지수를 반영하도록 구성돼 있으면서도 동시에 증권거래소에 상장된 새로운 유형의 펀드 상

곡물무역 선물거래소
선별된 주요 거래소, 2016년 기준

- 인터컨티넨탈 익스체인지
- 다롄상품거래소
- 씨엠이 그룹
- 유럽파생상품거래소
- 시카고 옵션거래소
- 멀티상품거래소
- 정저우상품거래소

CME 그룹: 시카고상업거래소(CME), 시카고상품거래소(CBoT), 뉴욕상업거래소(Nymex); 인터컨티넨탈 익스체인지(ICE), 뉴욕증권거래소(NYSE), 런던국제금융선물옵션거래소(LIFFE); 멀티상품거래소(MCX); 다롄상품거래소(DCE); 정저우상품거래소(ZCE)

농업 거래소의 핵심 사업은 날씨, 수확, 가격을 가능한 정확하게 예측하는 것이다. 그 목적은 가격 위험에 대비하는 것이다

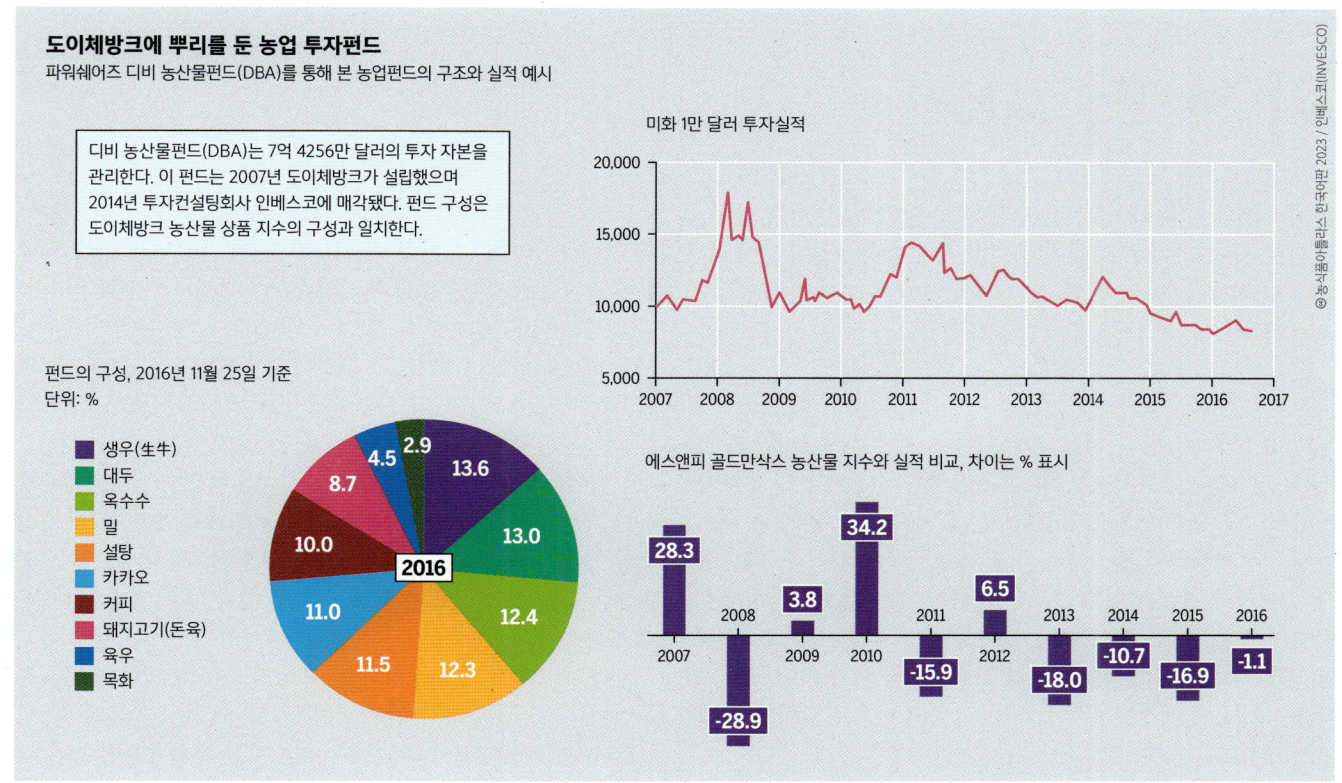

품이다. 게다가 헤지펀드는 대규모 투자자를 대신해 농업 부문에 직접 투자하기도 한다. 한 가지 예시로 농기업 루이 드레퓌스(Louis Dreyfus Company)가 소유한 헤지펀드인 에데시아(Edesia)는 27억 달러 자산을 증권에 투자해 운용하고 있다.

유엔무역개발회의(UNCTAD)에 따르면 곡물 시장에 대한 투자는 식량 가격이 오르고 가격 변동성을 높이는 데 한몫하고 있다. 지속해서 구매하고 판매하는 카길(Cargill) 같은 기업은 이로부터 이익을 얻을 수 있다. 하지만 이러한 변동성 악화는 소득에서 많은 부분을 식량에 지출해야 하는 사람들에게 심각한 영향을 미칠 수 있다. 가난한 국가들에서 특히 그렇다. 농민들 또한 식량 가격의 변동성이 심해질수록 더욱 큰 경제 불확실성에 직면하게 된다.

거래되는 상품 생산과 무관한 투자자의 유입을 뜻하는 '금융화'는 2000년대 후반부터 이어진 농지 구매 물결에도 기여했다. 이런 농지 펀드들은 주주가 직접 곡물이나 농지를 구입하지 않고도 농업 생산에 투자할 수 있게 한다.

이런 전문화된 펀드의 예로는 미국 최대 사학연금인 '티아 크레프(TIAA-CREF)'가 있다. 이 연기금은 2007년부터 농지와 농업 자산에 투자해 왔으며 세계에서 이런 유형의 자산을 모두 50억 달러 넘게 관리한다. 농지에 대한 대규모 투자는 대체로 대규모 산업형 농업을 목표로 한다.

2007년 농산물 가격 폭등과 2008년 금융위기 뒤로 미국과 유럽연합의 정치인들은 농업 부문에서 투기 억제를 위해 더 엄격한 규제를 도입하려 했으나 성공하지 못했다. 금융기업들과 곡물 무역기업들의 강력한 로비와 저항이 개혁을 가로막았기 때문이다. ●

여러 곡물 상품을 바구니에 담고, 적절한 금융상품을 구입한 뒤, 그로부터 펀드를 만들어 그 지분을 판다 – 인덱스 펀드는 이렇게 작동한다

2015년 옥수수 선물 거래량은 미국 수확량의 30배, 세계 수확량의 11배를 넘어섰으며, 주로 금융 거래이다

노동
싸게 더 싸게

슈퍼마켓에 진열한 상품 포장들을 보면 갖가지 인증표시로 사람과 자연을 보호한다고 홍보한다. 하지만 대부분 이 표시는 제품을 생산하는 열악한 작업환경을 개선하는 데까지 나아가지 않는다.

유용하고 이해하기 쉬운 정보가 식품에 표기되어 있으면 소비자들은 신뢰를 갖게 된다. 마케팅 전문가들은 정보가 소비자들을 상품과 연결시킨다는 것을 알고 있다. '신뢰'는 슈퍼마켓이나 세계에서 활동하는 식품 기업들에게 가장 큰 재산이다. 소비자가 지갑을 열게 만드는 마음은 제품 겉모습이나 맵시 따위에서만 생기는 것이 아니다. 제품 생산과정 자체도 중요하다. 만약 고객들이 환경이나 동물 보호에 관심이 있거나, 생산자나 노동자들이 적절한 대우를 받는지 알고 싶거나 알아야 한다면 말이다.

상품 정보는 법적 표준이나 누구나 알 수 있는 표시를 통해 전달된다. 가령 제조업체와 판매사가 상품의 지속가능성, 안전성과 개발 원조에 얼마나 기여하는지 인증하는 마크나 증명서를 활용하기도 한다. 세계 슈퍼마켓은 수백 가지 인증표시를 사용해 가지각색 포장을 한다.

인증표시 모델은 연대운동에서 비롯했다. 1960년대 뒤부터 유럽과 미국 사회단체, 교회단체, 생태환경단체들이 부가가치를 최대한 높이려고 소규모 농사를 짓는 농민들과 직접 계약을 맺었다. 특히 널리 알려진 인증표시는 공정무역(Fairtrade)이다. 공정무역은 고정 구매 계약으로 농민 소득 안정화에 기여하고 있다.

기업들이 쓰는 인증표시와 광고 사이에는 큰 차이가 있다. 그 차이는 극명하다. 가령 리들(Lidl) 같은 독일 슈퍼마켓 체인은 환경단체인 열대우림동맹(Rainforest Alliance) 인증을 받았다고 광고한다. 이 인증표시를 본 고객들은 리들에서 파는 바나나와 파인애플이 지속가능한 환경에서 생산됐다고 믿는다. 하지만 에콰도르와 코스타리카에서 조사해보니 열대우림동맹이 인증한 농장들 근무 조건은 비참할 정도로 열악했다.

팜유에 대한 인증표시 또한 논란 여지가 있다. 이 인증을 사용한 기업들은 불법 벌목, 이탄습지(peatland) 매립, 지역 주민 추방 문제에 개입한 공급업체들까지 인증했다는 이유로 기소됐다. 이런 사기성 인증표시 형태를 '녹색 세탁(Greenwashing)'이라 부른다.

기본 문제는 기업이 항상 싼 토지와 노동에 의존해 식품을 생산한다는 사실이다. 유엔 특별기구 가운데 하나인 국제노동기구(ILO)는 1980년대와 1990년대 농업 부문 종사자들이 점점 더 빈곤해졌다는 것을 밝혀냈다.

오늘날에도 농업 부문 노동을 억압하고 소외시킨 채 시장 점유율을 높이기 위한 경쟁이 이뤄진다. 농민과 농업 노동자는 공급망에서 가장 약한 구성원이다. 지난 수십 년 동안 판매 수익 가운데 이들이 가져가는 비중은 크게 줄었다. 예컨대 1980년 코코아를 생산하는 농민은 초콜릿 한 개 판매가 가운데 16퍼센

품질 인증 표시가 있는 제품들은 더 심도 있게 관리돼야 한다. 지역 노조들은 약속을 지키기 위해 더 나은 작업환경을 요구할 권리가 있다

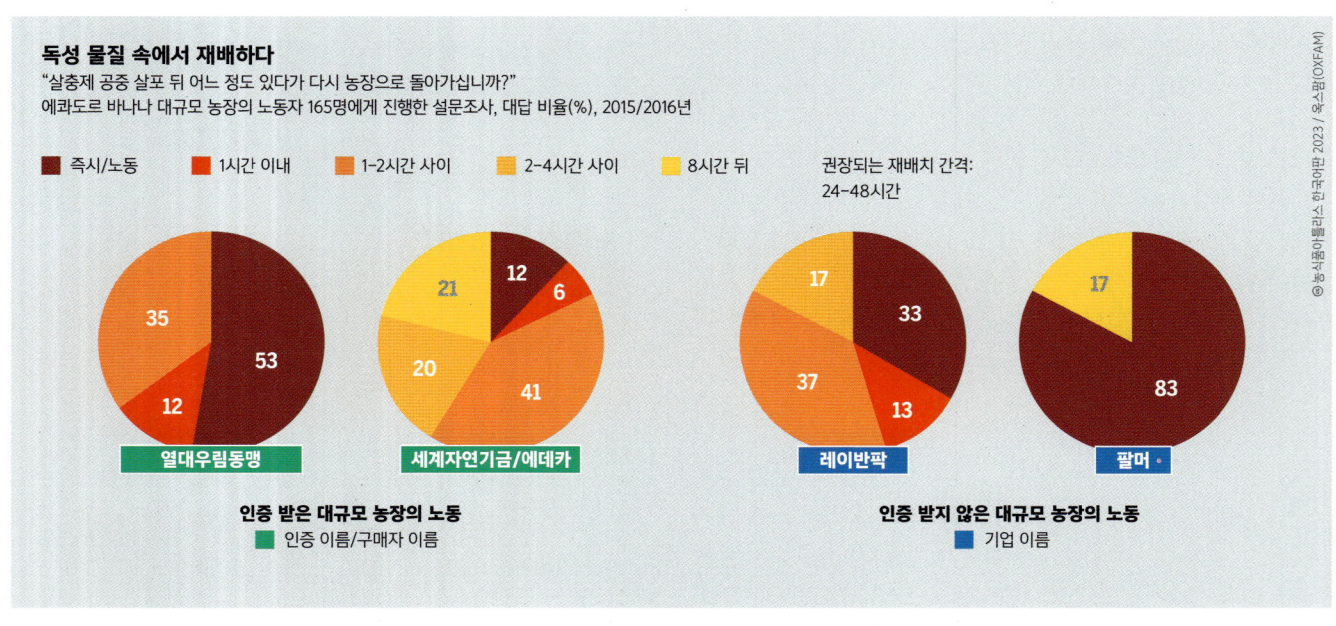

독성 물질 속에서 재배하다
"살충제 공중 살포 뒤 어느 정도 있다가 다시 농장으로 돌아가십니까?"
에콰도르 바나나 대규모 농장의 노동자 165명에게 진행한 설문조사, 대답 비율(%), 2015/2016년

■ 즉시/노동 ■ 1시간 이내 ■ 1-2시간 사이 ■ 2-4시간 사이 ■ 8시간 뒤

권장되는 재배치 간격: 24-48시간

열대우림동맹: 53, 12, 35
세계자연기금/에데카: 12, 6, 41, 20, 21
레이반팍: 33, 13, 37, 17
팔머: 83, 17

인증 받은 대규모 농장의 노동 — 인증 이름/구매자 이름
인증 받지 않은 대규모 농장의 노동 — 기업 이름

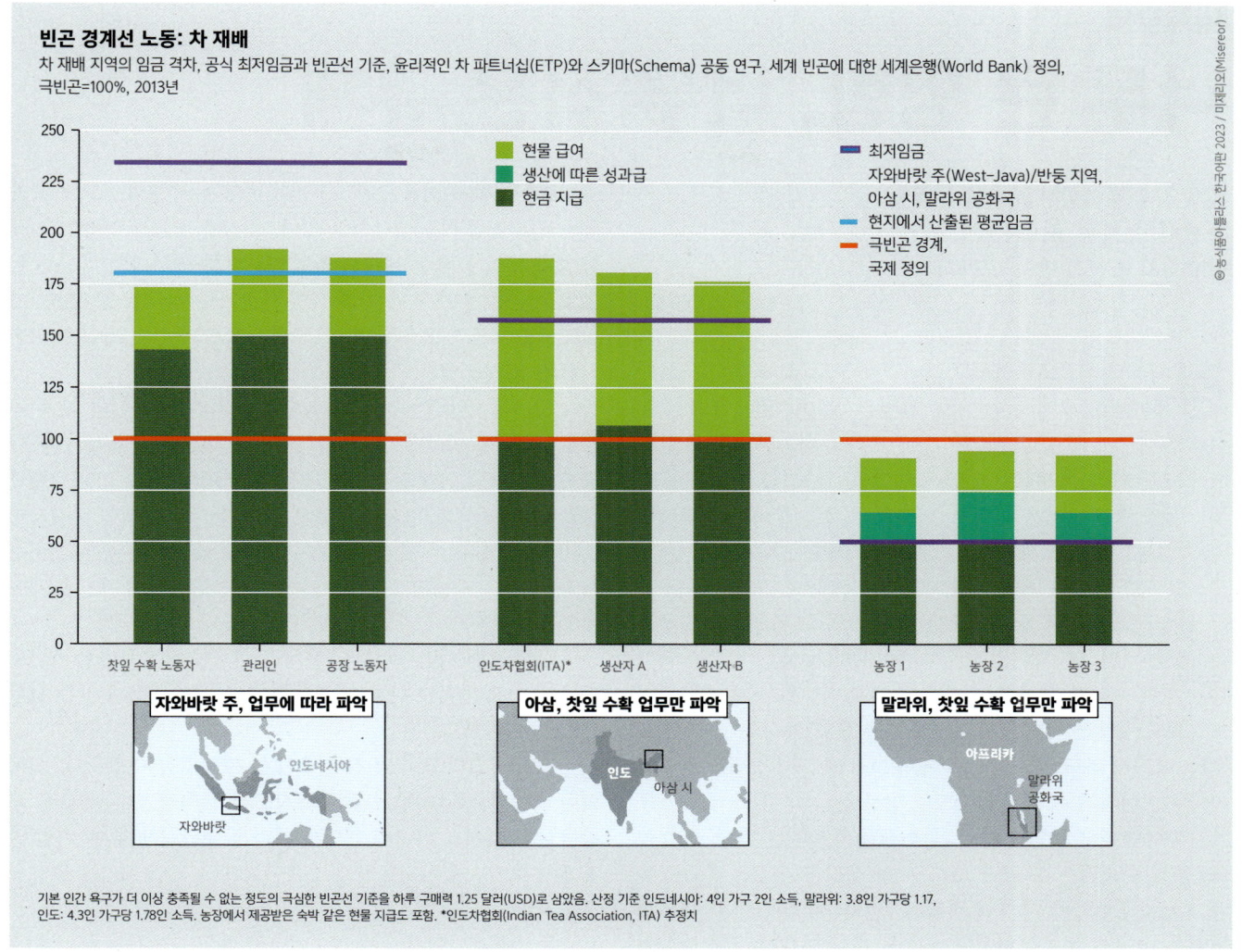

빈곤 경계선 노동: 차 재배

차 재배 지역의 임금 격차, 공식 최저임금과 빈곤선 기준, 윤리적인 차 파트너십(ETP)과 스키마(Schema) 공동 연구, 세계 빈곤에 대한 세계은행(World Bank) 정의, 극빈곤=100%, 2013년

기본 인간 욕구가 더 이상 충족될 수 없는 정도의 극심한 빈곤선 기준을 하루 구매력 1.25 달러(USD)로 삼았음. 산정 기준 인도네시아: 4인 가구 2인 소득, 말라위: 3.8인 가구당 1.17, 인도: 4.3인 가구당 1.78인 소득. 농장에서 제공받은 숙박 같은 현물 지급도 포함. *인도차협회(Indian Tea Association, ITA) 추정치

트를 받았지만, 현재는 6퍼센트 정도밖에 되지 않는다.

노동법 위반은 농업 분야에서 자주 일어나며, 예외가 없다. 국제노동기구 규정은 노동자들이 조직화의 권리를 명시했다. 특히 노동조합을 만들 권리를 보장하고, 강제 노동이나 아동 노동, 인종이나 성별에 따른 차별을 금지하고 있다. 하지만 노동조합을 조직하고 권리를 관철시키려는 시도는 종종 잔인하게 억압받는다. 조합원들은 위협을 느끼고, 때로는 해고를 당하거나 심지어 살해되기도 한다.

결국 최저임금이 충족되지 않고, 초과근무수당이 지급되지 않으며, 산업 안전이 무시된다. 노동 시간에 따라 임금이 지불되는 것이 아니라 수확량에 따라 지불하는 노동법 위반은 특히 1차 생산 과정에서 더 심각하다. 또한 여성이 남성보다 훨씬 불리하다. 여성은 남성보다 더 자주 기간제, 계절직, 임시직으로 일하며 임금을 덜 받는다.

대규모 농장에서 일하는 노동자들은 종종 살충제에 노출되기도 한다. 국제노동기구는 해마다 살충제에 노출되는 사람이 200만에서 500만 명 사이일 것으로 추정한다. 이 가운데 4만 건은 목숨을 위협받는 상황이다. 유기농법은 세계에서 농약 오염을 막아주지만, 유기농 공급업체는 가격 압박을 받고 있다.

작업 환경이 불안정해지는 것은 경작지뿐만 아니다. 식품과 기호품 생산기업에서도 마찬가지다. 인도에서는 주식회사 펩시

세계 농업 국가에서 찻잎을 수확하는 사람들 임금이 가장 낮다. 대부분 여성들이 찻잎 따는 일을 한다

코(PepsiCo)가 노조를 조직한 조합원들을 해고했다. 파키스탄에서는 독립 조직한 노조를 약화시키려고 기업이 가짜 노조를 설립하기도 했다. 과테말라에서 코카콜라는 2016년 10월 전체 직원을 해고하고, 제품 판매를 외주에 맡겼다. 케첩 제조업체인 하인즈(Heinz)는 크래프트 푸즈(Kraft Foods)를 인수한 뒤 비용 절감을 위해 초기 20개월 동안 일자리 7,400개를 줄였다. 이것은 세계 곳곳에서 근무하던 직원 23퍼센트에 해당한다.

이러한 상황은 농업과 식품 분야 기업들이 제공하는 보수 좋은 일자리와 직접 대조된다. 기업은 공적자금으로 확대된 연구 예산으로 식품 화학, 유전학, 공학, 비즈니스 전문 분야 직원들에게 더 좋은 보수를 준다. 기업의 광범위한 마케팅 예산은 소통 전문가와 캠페인에 필요한 재정을 지원한다. 기업들은 브랜드 광고와 상점에서 품질 인증 상품을 시장에 공개한다. 하지만 인증 표시와 포장은 제품이 어떻게 생산됐는지 보여주지 않는다. ●

세계무역

너무 큰 영향, 너무 적은 규제

세계 자유무역협정은 기업 논리를
따른다. 농식품 초국적 기업들은
앞장서서 협정을 맺고자 한다.

경제정책이 변화하면서 시장과 자본의 흐름에 대한 국가의 통제력이 크게 줄었다. 이 과정은 1980년대 시작돼 1990년대 들어 속도가 붙었다. 다른 많은 분야와 마찬가지로 식품 분야에서 두 가지 큰 변동이 있었다. 기업들이 결집해 소수 대형 소매 기업으로 독과점을 이뤘고, 기업들은 더욱 강력하게 확장됐다. 기업들의 나라밖 매출은 늘었고 본국 매출은 대체로 줄었다.

2015년 스위스 거대 기업 네슬레(Nestlé)는 유럽, 중동, 북아프리카를 빼고 세계 지역에서 판매 수익 70퍼센트를 달성했다. 영국-네덜란드 대기업인 유니레버(Unilever)는 비유럽 국가에서 얻은 수익이 전체 수익 가운데 약 75퍼센트를 차지했다. 이 기업들의 전략은 지속해서 새로운 시장을 개척하는 데 기반을 둔다. 따라서 해당 국가에서 관세와 그밖의 무역 장벽을 축소하거나 제거하는 일이 다른 무엇보다 앞선다.

1990년부터 2014년 사이 세계 식품 수출액은 다섯 배 늘었고, 농업 수출액은 네 배 늘었다. 이런 성장은 수많은 자유무역과 투자보호협약에 따라 촉진됐다. 1990년대 만들어진 대부분 협정은 1994년 우루과이 라운드(UR)에서 다자간 무역 협상이 이뤄졌고, 세계무역기구(WTO)가 설립된 뒤 체결됐다. 관세와 무역에 관한 일반협정(GATT) 체제를 대신해 다자간 무역기구로 전환하는 협상이 진행됐다.

오늘날까지 식품 분야 다국적 기업들은 무역협상에 가장 앞장서서 영향력을 행사하고 있다. 예컨대 처음으로 농업과 식품 부문에서 농산물 세계 무역협정을 맺은 우루과이 라운드 앞뒤로 미국은 농업 분야 최고 책임 협상가를 초국적 농기업인 카길(Cargill)에서 고용했다. 그는 협상에서 자신의 기업을 위한 기본 틀을 만들었다.

2001년 11월 무역 장벽을 없애는 다자간 무역 협상 '도하 라운드(Doha Round)'는 주요 협상국들이 의견을 모으지 못해 지금까지도 다음 단계로 나가지 못했다. 이 협상에서 유럽 식품과 음료 산업 분야를 대표한 기업은 화학과 식품 기업인 유니레버(Unilever)였다. 이 기업은 세계무역기구 협상에서 정부들이 상품과 서비스, 자본의 흐름이 가능한 한 광범위하게 시장을 개방하도록 촉구한다.

이에 반해 시민사회는 자유무역 의제에 반대하면서 개발도상국 농업에 미치는 나쁜 영향을 경고하고, 투명하지 않은 협상에 대해 비판한다.

관세와 그밖의 무역 장벽에 대한 광범위한 축소는, 장애물 없이 저렴한 원자재를 수입하고 상품을 수익성 있는 새로운 시장에 수출하려는 다국적 기업의 전략을 뒷받침해 준다. 기업 관점에서 보면 자유무역협정에서 예외 조항은 기업 이익을 상당히 축소시킨다.

동시에 개발도상국에서는 이러한 예외 조항들이 특히 중요하다. 예외 조항은 정부가 소규모 생산자들을 선진국의 저렴한 수입품으로부터 보호할 수 있는 방법이다.

세계무역기구의 국제 조약 말고도 최소한 420개 양자 무역 협정과 2,900개가 넘는 양자 투자 보호 협약이 있다. 여기서 중요한 요소는 '투자자-국가간 분쟁 해결(ISDS)'이다. 투자자 국가 분쟁 해결은 외국 기업들에 독점 권리를 부여해 해당 국가의 법치주의 원칙을 손상시키기도 한다.

기업들은 그들과 계약을 맺은 국가가 계약 뒤 기업의 기대 수익을 줄이는 새로운 규제를 정하면, 보상을 위해 해당 정부에 소송을 제기할 수 있다.

이것은 식량 안보, 건강, 환경 보호와 노동자들의 권리 같은 국가 목표에 영향을 끼칠 수 있다. 그렇기 때문에 투자자 국가 분쟁 해결은 시민사회와 일부 정치계의 비판을 받는다. 이러한 소송 사례는 1995년 3건에서 2016년 상반기까지 약 700건으로 급증했다.

통합의 소용돌이에 놓인 식량 분야
합병 수와 가치에 따른 농식품 기업의 세계 합병 추이

■ 합병 수   ■ 단위: 십억 달러(USD)

세계 시장의 가격 상승은 이익을 보장하고
매수 신호 역할을 한다. 2008년 금융위기 뒤
기업 합병은 대부분 호황기 수준으로 다시 회복됐다

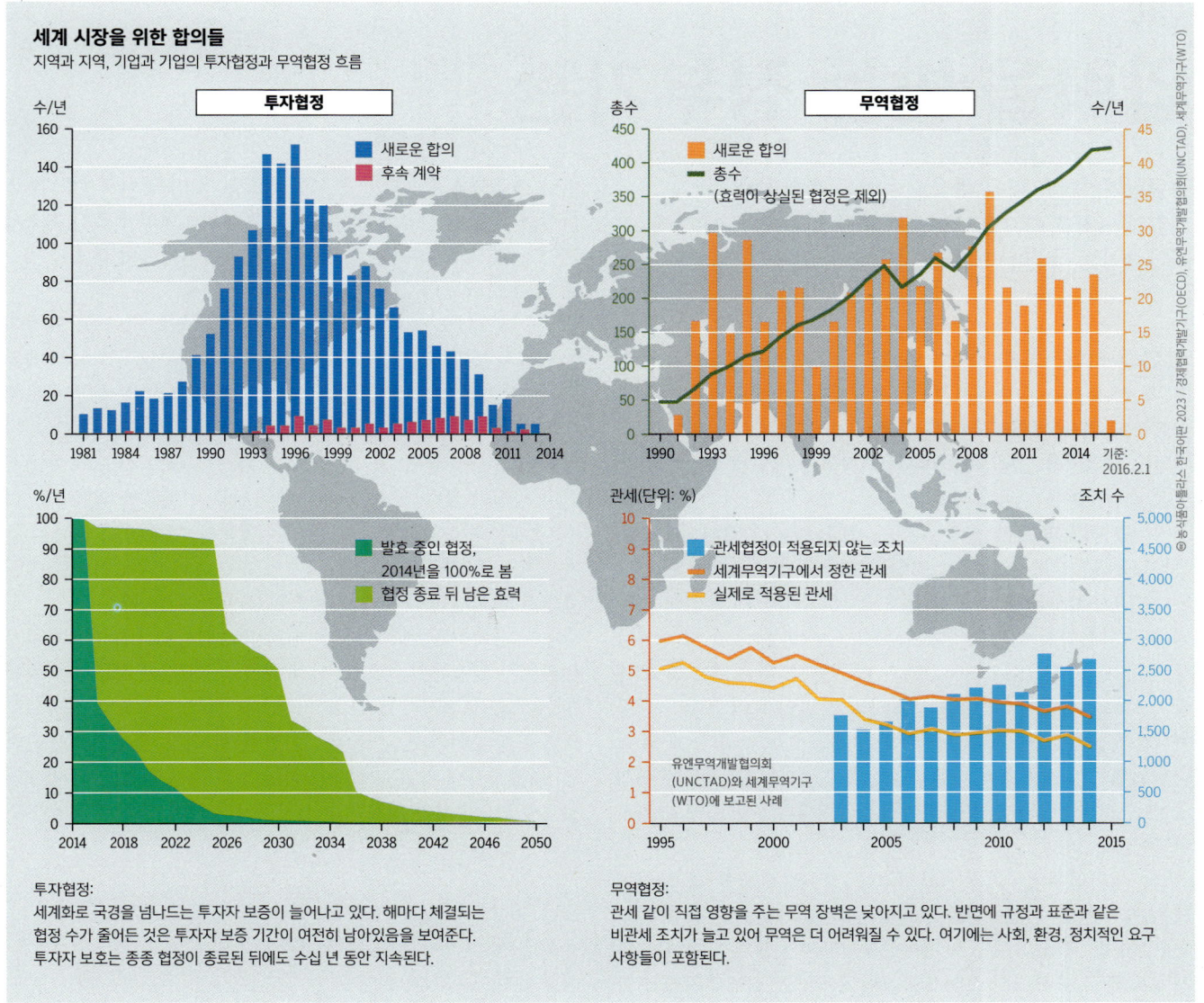

세계 시장을 위한 합의들
지역과 지역, 기업과 기업의 투자협정과 무역협정 흐름

투자협정:
세계화로 국경을 넘나드는 투자자 보증이 늘어나고 있다. 해마다 체결되는 협정 수가 줄어든 것은 투자자 보증 기간이 여전히 남아있음을 보여준다. 투자자 보호는 종종 협정이 종료된 뒤에도 수십 년 동안 지속된다.

무역협정:
관세 같이 직접 영향을 주는 무역 장벽은 낮아지고 있다. 반면에 규정과 표준과 같은 비관세 조치가 늘고 있어 무역은 더 어려워질 수 있다. 여기에는 사회, 환경, 정치적인 요구 사항들이 포함된다.

> 무역과 투자협정은 국가들이 서로 체결한다. 협정은 무엇보다 기업 이익을 촉진한다

많은 국가가 해외 투자자 유치를 위해 다른 시장과 비교해 규제가 덜한 특별경제구역을 조성했다. 모잠비크, 탄자니아, 인도 같은 나라 정부는 농기업을 위해 특별 구역을 지정했다. 이들 정부는 이것이 외국인 투자와 신기술을 통해 농업 발전과 고용 성장을 촉진할 것이라 믿고 있다. 다국적 기업은 특별경제구역의 장점을 활용할 수 있는 좋은 위치에 있다.

가령 몬산토, 카길, 네슬레와 그 밖의 기업들은 탄자니아 정부와 손잡고 탄자니아 농민들이 '현대화된' 생산 설비를 갖추도록 장려하는 정책을 펼쳤다. 하지만 이것은 기업이 국가 지원을 받는 경제 구역에서 새로운 시장을 열게 된 것을 뜻했다.

대규모 농기업의 주요 전략은 경쟁업체를 사들이는 것이다. 대등한 경쟁사들이 하나가 되는 '수평 합병'을 하거나, 공급업체를 비롯한 다양한 분야 기업들이 하나가 되는 '수직 합병'을 진행하기도 한다.

선진국들의 경쟁 정책은 농업시장에서 이런 독과점 출현을 막지 못했다. 개발도상국은 독점 규제기관을 설치하고 부정경쟁방지법을 도입하는 것으로 대응하고 있지만, 이 과정은 느리게 진행된다. 오늘날에도 세계 120개 나라만이 이 부정경쟁방지법을 가지고 있다.

선진국 정부들은 식량 생산 부문에서만 마지못해 낮은 수준의 카르텔 법을 다뤘다. 이것은 국제 시장에서 경쟁하려면 국내 시장에서 독점 시장 지배력이 필요하다는 기업 주장을 따른 것으로 보인다. 효과 있는 경쟁 정책의 또 다른 장애물은 경쟁 정책이 주로 소비자들을 시장 지배 기업, 이른바 수요 부문에서 보호해야 한다는 것에만 중점을 두고 있다는 것이다. 일단 겉으로는 가격이 낮아지면 모든 것이 괜찮아 보인다.

반면 공급 측면은 보호되지 않은 채로 남아 있다. 농민, 소규모 생산자 협동조합 조합원, 지역을 기반으로 일하는 가공업자들은 그들의 생산품을 기업에 판매해야 하는 사람들인데 말이다. ●

로비

압력을 받는 정부기관

농화학기업들은 많은 재정을 들여 국가를 상대로 기업의 이익을 지키고 대변하기 위해 힘쓴다. 이에 대해 시민사회는 더 많은 보호 장치를 요구한다.

독일 화학산업은 2015년 연매출이 약 1,900억 유로를 넘어섰다. 이는 유럽에서 가장 큰 규모다. 바스프(BASF)와 바이엘(Bayer)은 세계에서 다섯 번째로 큰 농약 제조 기업이다. 이 기업은 유럽연합 집행위원회와 독일 정부에 어떻게 자신들의 이익을 관철시키는지 알고 있다.

이 기업들의 유럽 중앙 조직인 유럽화학산업협의회(ECIC)는 예산 대부분을 유럽연합 집행위원회를 상대로 로비 활동에 쓴다. 2015년 로비에 쓴 돈은 1,020만 유로였다. 이 협의회의 임원들은 유럽연합 집행위원회와 회담을 37회 했으며, 초청이나 사전 등록 없이 유럽의회(EP)에서 머무를 수 있는 출입증 25개를 소지하고 있었다. 그 다음으로 가장 활발한 로비 조직인 상공회의소연합(CCI)은 2015년 약 750만 유로를 로비 활동에 썼다. 집행위원회의 위원들과 회담을 3회 했고, 유럽의회 출입증 11개를 받은 것과 비교하면 유럽화학산업협의회의 로비 규모를 짐작할 수 있다.

범대서양무역투자동반자협정(TTIP)을 진행할 때 산업계의 로비 활동은 기업유럽감시(CEO)의 전문가들조차 놀랄 정도였다. 이 반 로비 단체는 범대서양무역투자동반자 사전협정 과정에서 산업 분야마다 로비스트들이 유럽연합 집행위원회와 얼마나 접촉했는지 정확한 분석을 발표했다. 이 분석에 따르면 농화학, 생명공학 산업들이 유럽연합 통상위원회와 접촉한 횟수가 제약 산업, 자동차 산업, 금융 부문의 로비스트들이 접촉한 횟수를 합한 것보다 더 많았다.

독일에서도 농화학, 생명공학 산업의 영향이 연방 당국의 정무까지 미친다. 여기에서는 이해충돌이 원칙인 듯하다. 베를린에 있는 연방위해평가원(BfR)은 유전자조작 식품과 사료에 대한 전문가 위원회가 있다. 이 위원회에 속한 연구자들은 초기 14명 가운데 10명이, 현재는 12명이 앞서 언급한 산업 분야에서 일한 경험이 있다. 하지만 이들은 자신들이 보유한 생명공학 회사 내 지분과 그들의 직무를 밝히지 않는다. 이들이 법에 따라 공개해야 하는 산업계의 활동 정보는 충분하지 않다. 이러한 이해충돌은 의사결정 과정에 어떤 영향을 미치게 될까?

그 사이 미국에서는 산업 친화적인 연방위해평가원 전문가 위원회가 결정하는 방식이 퍼져 나가고 있다. 이 전문가 위원회는 새로운 유전자가위(CRISPR/Cas9, 크리스퍼)를 유전자조작 기술로 분류하지 않았다. 유럽연합이 이 평가 방식을 적용한다면, 유전자가위 기술로 조작된 식물이 추가 검사 없이 쉽게 승인될 수 있다. 이러한 새로운 유전자조작 방식이 갖는 위험성과 영

많은 사람들은 건강 문제에 국가가 무관심하고 무능하며, 원인에 대해 잘못된 접근을 하고 있다고 여기고 있다

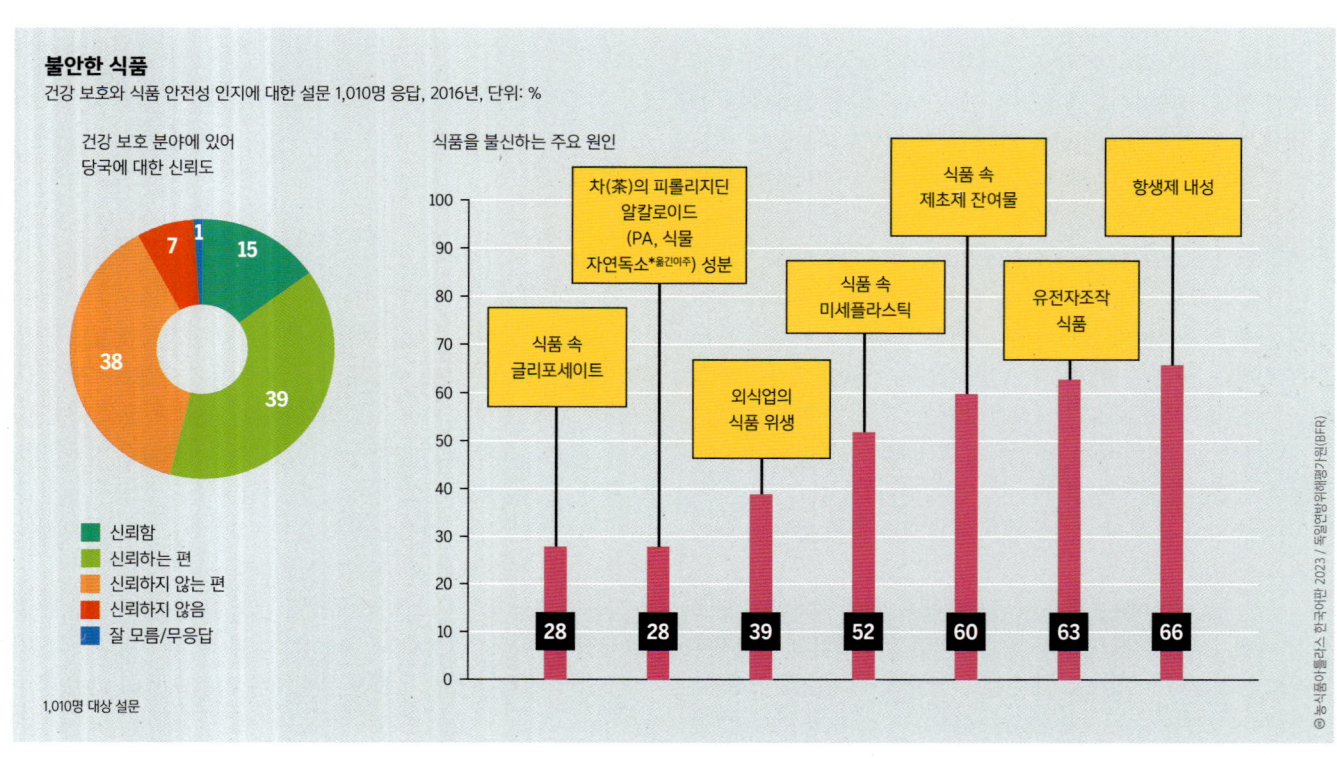

불안한 식품
건강 보호와 식품 안전성 인지에 대한 설문 1,010명 응답, 2016년, 단위: %

향은 기본 연구 부족으로 거의 알려지지 않았다. 비평가들은 유전자가위 기술의 오류율은 25퍼센트 정도로, 이는 산업계가 주장하는 것만큼 정확하게 자르는 기술이 아니라고 말한다.

대부분의 법적 감정(鑑定)은 '유전자가위 기술(게놈편집)'이 입증 의무와 표시 요구 사항이 진행되고 있는 유전자 공학이며, 아직 합법의 영역에 있지 않다고 한 연방위해평가원의 판단에 반박했다. 2016년 연방의회에서 개정된 유전자 기술법(GenTG)은 새로운 기술을 복잡하지 않게 승인하려는 산업계의 요구를 상당 부분 따른 것이다.

마지막 순간에 광범위한 내용이 변경됐다. 연방정부는 이제부터 경우에 따라 유전자 편집으로 기획된 유전자가위 작물을 승인 절차와 위험 평가를 해야 하는 '사전 예방 원칙'으로 분류할지, 추가 절차가 필요하지 않은 '혁신 원칙'에 따라 분류할지 스스로 결정할 수 있다. 이 원칙은 독일에 혁신의 분위기를 불러오는 데 영향을 미칠 것으로 평가된다. 이것은 특히 독일화학산업협회(VCI)의 요구이기도 하다.

독일 당국이 농약에 실시하고 있는 승인 절차는 산업 친화적으로 보인다. 이 절차를 위한 서류는 농약 산업이 직접 의뢰하며 통상 비용을 지불한다. 이른바 이러한 '회색 문헌'은 출판되지 않으며, 독립 연구자들에게 검토 받지도 않는다. 비밀이 유지되는 이유는 이 연구들에 사업 비밀이 포함되어 있기 때문이다.

살충제 제조업체들이 새로운 살충제의 승인 허가를 받을 때, 유럽연합 국가 가운데 어느 국가에서 심사를 진행할지 직접 결정할 수 있다. 최근 몇 년 동안 유럽에서 가장 중요하게 논의된 글리포세이트(Glyphosate) 재승인 건은 유럽연합 집행위원회가 특별히 독일을 보고 담당국(글리포세이트 관련 회사의 서류를 평가한 뒤 보고서 초안을 제출하는 국가*옮긴이 주)으로 선정했다. 하지만 선정 이유는 투명하지 않다. 유럽연합의 살충제 승인 과정에서 산업계는 과학적 연구를 사전 선택한다고 했지만, 이 같은 결정은 종자 기업인 몬산토 관할 아래 있는 글리포세이트 생산자들의 연합인 '글리포세이트 테스크포스(GTF)'가 수행했다.

글리포세이트 테스크포스는 커뮤니케이션 회사인 지니어스(Genius)가 관리한다. 이들은 연방의회 내 기술평가원(TAB)이나 연방 환경청(UBA) 같은 연방 기관에서 심사관으로 일하고 있다. 그러면서 이들은 유전자와 생명공학 산업을 홍보하는 회사 역할도 하고 있다. 예를 들어 지니어스의 선임 고문들은 독일 유전자와 생명공학 산업의 로비 협회인 비오 도이칠란트(BIO Deutschland)의 실무 그룹을 이끌고 있다. 이 실무 그룹은 그들의 누리방에서 홍보하는 것처럼 '공공 영역에서 유전자 기술의 이미지를 향상시키기 위해' 관련 회사들의 40개가 넘는 홍보실을 모으고 있다.

2014년 유전자 기술에 비판적인 단체인 판(Pestizid Aktions-Netzwerk, PAN)이 연방위해평가원의 글리세포이트 위험 평가에

> 정치가 시민사회의 요구를 고려해 식품 기업을 통제할 수 있다는 것은 명백하다

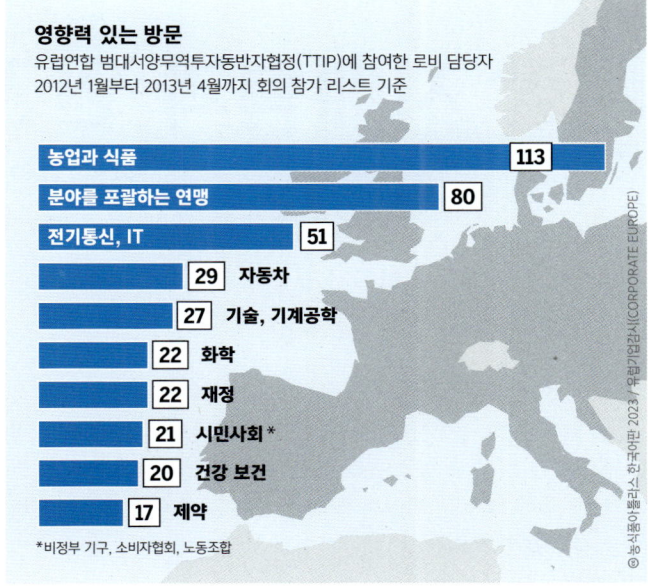

유럽연합 내 로비 활동은 비용이 많이 든 경우 숫자에 잡힌다. '유럽기업감시(Corporate Europe Observatory, CEO)' 단체가 이를 밝혀냈다

대한 독립 조사를 실시했다. 하지만 글리세포이트 위험에 대한 판의 분석은 산업계 자금 없이 공공 연구 기관이 실시했다는 이유로 신뢰할 수 없는 연구로 평가됐다.

한편, 세계보건기구(WHO)의 암 연구기관이 글리포세이트를 '인체 유해 발암물질'로 분류했고, 이를 통해 그동안의 연구 평가들이 서로 얼마나 편차가 있을 수 있는지 분명해졌다. 대중과 전문가들은 독일의 위험성 평가 판단에 의문을 제기했다. 연방위해평가원과는 달리 세계보건기구는 공적자금을 지원받은 연구를 이용하고 있으며, 연방위해평가원의 연구 결과를 검토하기 위해 연구물의 원 데이터에 접근할 것을 요구하고 있다.

2016년 11월 유럽 사법재판소(European Court of Justice, CJEU)는 글리포세이트 승인 관련 더 많은 투명성을 제공했다. 유럽 사법재판소는 농약 살포도 이산화탄소 배출로 간주해야 한다고 판단했다. 이는 글리포세이트 승인이 이전보다 엄격한 투명성 규정에 따라 진행될 것을 보여준다. 지금까지 폐쇄적이었던 '회색 문헌'에 독립 기관들이 접근할 수 있게 됐다. ●

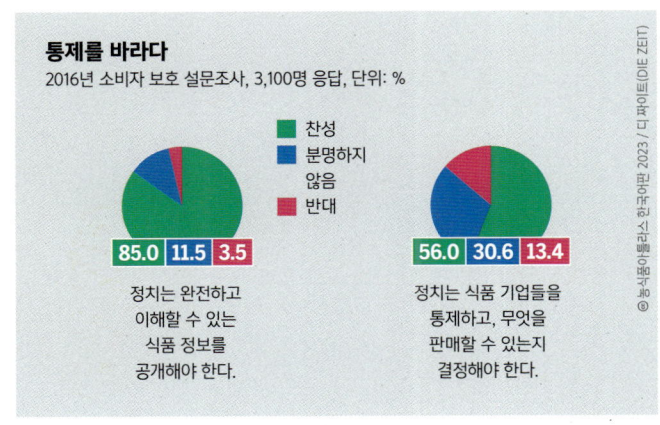

규제
시장 지배력과 인권

**기업들은 오랫동안 인권을 침해해 왔다.
기업 스스로 만든 조치로는 충분하지 않다.
구속력 있는 규제들이 반드시 필요하다.**

정부는 농업정책과 무역정책, 소비자 보호정책에서 기업 운영의 틀을 정한다. 정부는 국가 차원에서 기업의 경제 활동에 영향을 미칠 수 있는 규정 운영을 비롯한 다양한 수단이 있다. 이를 통해 정부는 기업의 힘과 영향력을 규제할 수 있다. 하지만 정부와 행정부의 전략은 기업과 밀접하게 얽혀 있어 국민 이익보다 기업 이익을 우선하곤 한다.

시장 집중도가 점차 커짐에 따라 경쟁법(Competition Law, 독점금지법) 또한 중요해지고 있다. 국가 경쟁법은 카르텔 형성, 지배적 지위 남용이나 독점 구조를 만드는 합병 같은 반경쟁 전략과 행위를 막기 위한 것이다. 이 행위들은 금지되거나 조건부로 승인되기도 한다. (경쟁법 또는 독점금지법은 기업의 불공정한 행위, 반경쟁 행위를 규율해 시장의 경쟁성을 유지하기 위한 법이다. 세 가지 주요 원칙은 다음과 같다. ①기업이 서로 자유 거래와 경쟁을 제한하는 계약이나 관행 금지 ②시장을 지배하는 기업의 권한남용 행위와 반경쟁 관행 금지 ③대기업의 인수 합병 감시, 경쟁 과정을 위협하는 주식 거래 금지, 합병되는 분야 가운데 일부를 처분할 의무 부과.*편집자주)

미국을 비롯한 일부 국가에서 1980년대 후반부터 규제 완화가 진행돼 이러한 경쟁법이 완화됐다. 하지만 반경쟁 행위는 종종 국경을 넘어 영향을 미치기도 한다. 기업이 가격을 담합하거나 비밀리에 시장을 분열시키는 경우다. 이렇게 되면 다른 국가 농업 생산자와 공급자가 주로 피해를 입는다.

국제 농식품 산업에서 시장 집중도가 높아지자 시민사회단체들은 경쟁법 개혁을 요구했다. 이를 통해 이미 집중화된 시장에서 합병을 제한하고 시장 지배력의 남용을 억제해야 한다고 주장했다.

특히 경쟁법이 소비자의 관심에만 초점을 두는 것에 비판이 집중되고 있다. 보통 가격이 낮아야 경쟁이 일어난다고 생각하지만 가격 하락이 경쟁의 전부는 아니다. 왜냐하면 공정한 경쟁 상황에서도 가격은 오를 수 있기 때문이다. 정치인들은 농민의 교섭력을 강화하고 공급망에 따라 생태적, 사회적 최소 기준을 시행할 것을 요구한다. 여기에는 단체 협약을 통한 생계 급여 보장도 포함된다.

유럽에서는 지난 몇 년 동안 대형 슈퍼마켓 체인에 특별한 관심을 기울였다. 이들의 가격 압박은 세계 공급망에 영향을 미치고, 남반구 국가들의 열악한 노동 조건을 만드는 주요 원인이기 때문이다.

유럽연합 집행위원회는 대형 슈퍼마켓의 영향력과 공급망에서 불공정 거래 관행, 특히 공급업체의 불만을 조사했다. 하지만 2016년 초 집행위원회는 유럽연합 차원에서 규제가 필요하지 않다고 결정했다. 대신 슈퍼마켓 체인과 식품 제조업체 스스로 공급업체의 불만을 접수하는 창구를 설치하도록 요구했다.

하지만 공급업체 가운데 부당한 계약 조건에 불만을 제기한 사례는 거의 없었다. 그럴 경우 상장 폐지(증권이 유가증권 적격성을 잃어 상장 자격이 취소되는 것.*편집자주) 위험이 너무 크기 때문이다.

*누군가 고발한다면 천만다행이다.
이러한 주요 규제 때문에 독일 연방 카르텔청은
항상 새로운 사안을 논의한다*

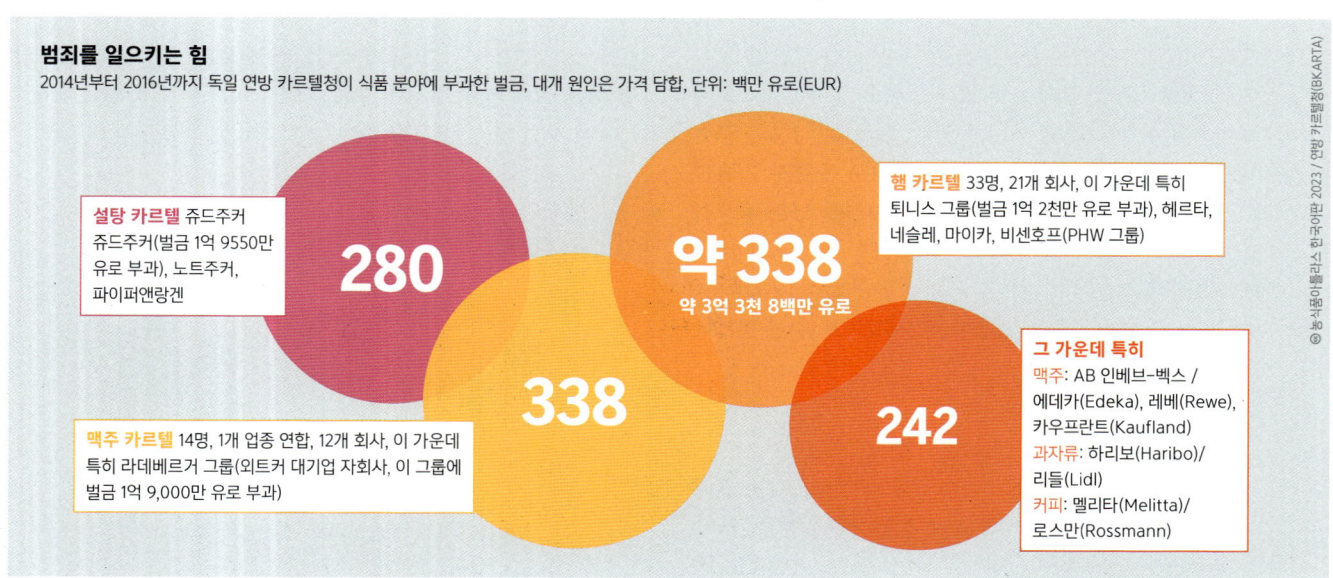

범죄를 일으키는 힘
2014년부터 2016년까지 독일 연방 카르텔청이 식품 분야에 부과한 벌금, 대개 원인은 가격 담합, 단위: 백만 유로(EUR)

설탕 카르텔 쥐드주커
쥐드주커(벌금 1억 9550만 유로 부과), 노트주커, 파이퍼앤랑겐
280

맥주 카르텔 14명, 1개 업종 연합, 12개 회사, 이 가운데 특히 라데베르거 그룹(외트커 대기업 자회사, 이 그룹에 벌금 1억 9,000만 유로 부과)
338

약 338
약 3억 3천 8백만 유로

햄 카르텔 33명, 21개 회사, 이 가운데 특히 퇴니스 그룹(벌금 1억 2천만 유로 부과), 헤르타, 네슬레, 마이카, 비센호프(PHW 그룹)

242

그 가운데 특히
맥주: AB 인베브-벡스 / 에데카(Edeka), 레베(Rewe), 카우프란트(Kaufland)
과자류: 하리보(Haribo)/ 리들(Lidl)
커피: 멜리타(Melitta)/ 로스만(Rossmann)

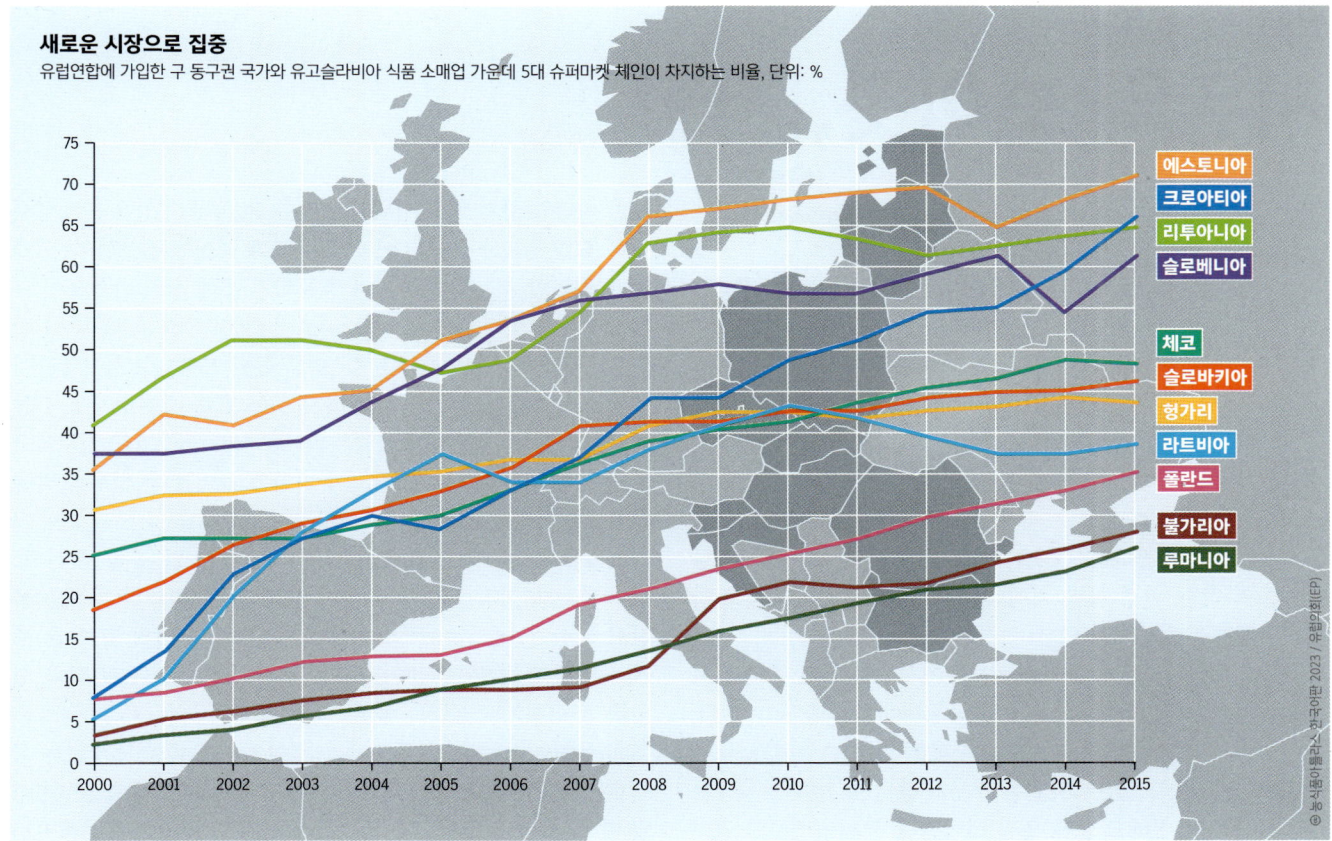

새로운 시장으로 집중
유럽연합에 가입한 구 동구권 국가와 유고슬라비아 식품 소매업 가운데 5대 슈퍼마켓 체인이 차지하는 비율, 단위: %

기업의 시장 지배력은 생산량, 가격에 대한 영향, 스스로 마련한 표준 공식화에서 분명하게 드러난다. 이 표준은 실제 시장 진입에 대한 장벽을 뜻하며, 공급망에서 소비자로부터 멀리 떨어져 있는 재료와 원료를 만드는 상류 단계 소규모 생산자를 배제한다. 또한 초국적 기업은 수만, 수십만 직원을 고용하는 고용주로서 중요성 때문에 많은 국가에서 생태적, 사회적 조건을 형성하는 데 큰 영향을 미친다.

여러 국가에서는 노동권, 토지권, 환경 규정이 전혀 없거나, 있더라도 이들 기업에 대해 소송을 제기할 수 없다. 이런 상황에서 대부분 기업들은 자신의 책임을 회피한다. 나라마다 국내법으로 소송을 제기해 기업에게 책임을 묻는 방식은 그 효과가 미비하다. 충분한 규정들이 있어도 시행하는 데 결함이 많다.

따라서 시민사회는 1990년대부터 기업 활동을 제한할 수 있는 국제 규칙을 요구해 왔고, 이런 규칙들이 유엔(UN)의 영향력 아래 있어야 한다고 주장했다.

2003년 유엔인권위원회(UNCHR) 인권소위원회는 하나의 표준을 채택했다. 하지만 초국적 기업에게 책임을 부과하려 했던 운동은 유엔인권위원회에서 친기업 성향 위원들의 반대로 실패했다. 그 뒤 2011년 유엔인권이사회가 만장일치로 '기업과 인권 이행지침(UNGPs)'을 채택했다. 이 원칙에 따라 기업은 남용과 위반을 지양하고, 위반하면 관계자와 대화를 진행하고, 적절한 보상으로 인권보호에 충실해야 한다. (2011년 유엔 인권이사회에서 정부, 기업, 시민사회를 비롯해 세계 이해관계자들과 광범위한 논의와 조사 작업을 통해 마련한 지침이다. ①기업 인권 침해로부터 보호해야 할 국가 의무 ②인권을 존중해야 할 기업 책임 ③사법/비사법 구제책 마련(보호, 존중, 구제), 이렇게

> 에스토니아에서 루마니아까지 작은 상점과 거리 시장은 이전 영향력을 잃고 있다. 가격 형성 과정은 더욱 알 수 없고 수익이 나는 쪽으로만 이뤄지며, 악용되고 있다

세 가지 축으로 구성돼 있다. 지난 10년 동안 기업과 인권에 관한 국제 논의는 보다 깊게 발전하고 있으며, 법제화는 더욱 강화되는 추세다. 현재 52개국에서 기업과 인권에 관한 국가행동계획(National Action Plan, NAP)을 수립하고 있다. *편집자 주)

하지만 이 모든 것들이 자발성이란 원칙 아래 있어 위반해도 처벌할 방법이 없다. 국제사회와 국가 차원에서 반드시 구속력 있는 규칙이 필요하지만 항상 실패해 왔다.

에콰도르와 남아프리카공화국 주도로 유엔인권이사회에서 2015년부터 다국적 기업을 위한 구속력 있는 규제 개발을 위해 정부간 실무그룹(OEIGWG)을 운영하고 있다. 시민사회 국제 동맹은 국가가 국경 너머에서도 기업이 인권 보호 의무를 다하도록 수단을 마련하라고 요청하고 있다.

국가는 '자국의' 기업이 다른 나라에서 인권을 침해하는 것을 막는 필요한 모든 조치를 취할 의무가 있다는 것, 또한 인권 침해 피해자들이 국경을 넘어 쉽게 소송을 제기할 수 있도록 국가들이 서로 법적 지원을 의무화할 것을 요구하고 있다. 이 목표는 국내 법 체계를 강화하고, 기업이 책임질 수 있는 국제 수준의 체계를 도입하는 것이다. (2016년 80개국이 참여한 두 번째 회의에서 협의 내용을 공유했고, 2017년 세 번째 회의에서는 101개국이 참여해 논의를 이어갔다. 2022년까지 여덟 번째 협상을 진행해 구속력 있는 협정을 맺기로 약속했다. 2023년 10월 회의까지 타협안을 마련하기로 했다.*편집자 주)

반격
시위와 보이콧, 저항

많은 국가의 사람들이 초국적 기업의 힘을 강화하는 농업정책과 무역정책에 반대하고 있다. 기업들 또한 비판을 받고 있다.

세계에서 수확한 농산물은 120억에서 140억 명의 사람들을 먹일 수 있는 양이지만, 세계 75억 인구 가운데 8억 명, 거의 9명 가운데 1명이 기아에 처해 있다. 대부분이 농촌지역에 살고 있다. 이들은 경제적으로 취약하고, 정치적으로 소외돼 끊임없이 생존 위협을 받고 있다. 그럼에도 어려움을 겪고 있는 사람들은 토지 약탈, 환경 파괴, 가격 하락에 대항해 지치지 않고 다양한 저항운동을 벌이고 있다.

지난 수십 년 동안 남반구 국가들에서 일어났던 농민과 토지 없는 사람들의 움직임도 원주민 공동체에 뿌리를 두고 있다. 토지 권리와 소유권을 두고 대두(콩) 재벌, 팜유 수출업자, 또는 광산 기업과 싸우고 있다. 이들은 정부가 종종 추진하는 농산물 가격 하락에 반대하고 있다. 멀리 떨어진 농촌 사람들보다 권력자들이 더 중요하다고 생각하는 도시 빈곤층이 낮은 농산물 가격의 혜택을 받고 있다.

1990년대부터 농민, 토착민, 어민, 농장 노동자와 그 밖의 농촌 사회단체 조직은 국제 연결망을 만들어 활동해 왔으며, 유엔 식량농업기구(FAO)의 국제 농업정책과 식량정책에 직접 영향을 미치기 위해 노력하고 있다. 국제 조직과 22개 지역 산하 조직이 국제식량주권계획위원회(IPC)라는 연합체로 모였다.

가장 유명하고 큰 조직은 '비아 캄페시나(La Via Campesina, 농민의 길)'인데, 세계 73개국 160개 조직이 모인 연맹이다. 이 운동은 특히 농업과 세계 식량 문제에서 여성의 중요성을 강조한다.

저항의 방식은 다양하다. 2012년 인도에서는 농민 약 6만 명과 토지를 소유하지 않은 농민들이 농지 개혁을 위해 수개월 동안 비폭력 항의 행진 시위를 벌였다. 2007년 행진은 세계에서 주목을 받았고 수십만 명이 더욱 손쉽게 농지에 접근할 수 있게 됐다. 하지만 재분배와 투자가 충분하지 못해 전체 빈곤율이 크게 줄지는 않았다.

유럽에서는 농민들과 비정부기구들의 저항으로 농기업들이 유전자조작 작물을 거의 재배하지 못하게 하고 유전자조작 동물로 수익을 얻지 못하게 했다. 지엠오(GMO) 없는 170개 지역으로 구성된 연대 조직은 지엠오가 지역에 들어올 수 없도록 막는 동시에 정치적으로 투쟁하고 있다.

독일에서는 약 250개 시민협의체가 '농업 공장 대신 농장'이라는 연결망을 만들어 해마다 평균 약 30개의 새로운 공장식 축산시설을 저지하고 있다. 이들은 50여 개의 또 다른 조직들과 함께 '나의 농업'이라는 캠페인을 만들었다. 집회와 회의를 조직하기도 하고, 공동 식탁 형태인 '슈니펠 디스코스(Schnippeldiskos, 슬로푸드 운동 일환으로 상품 가치가 없는 식재료를 버리지 않고 모아 함께 요리하고 식사하는 행사, 해마다 1월 말 베를린에서 열림*편집자 주)' 같은 새로운 행동을 개발하기도 한다.

수십만 명의 사람들은 시위를 통해 기업이 지켜야 하는 규칙이 포함된 새로운 무역 정책과 사람들의 권리를 요구했다. 온라인 서명에도 수백만 명이 참여했다. 특히 '슬로푸드 운동'은 느림을 상징하는 달팽이를 로고로 사용하면서 매우 흥미롭게 진행하고 있다. 지역별, 계절별 전통 요리를 선보이는 이 운동에 150개국에서 약 10만 명 회원이 참여하고 있다.

로비 활동을 비판하는 기업유럽감시(Corporate Europe Observatory)나 로비컨트롤(Lobby Control) 같은 단체는 기업이 농업 보조금 분배, 무역정책과 과학기술정책, 정부 연구기금 분배에 어떤 영향을 미치고 있는지 계속해서 밝혀내고 있다.

대부분 무역 협상은 비공개로 불투명하게 진행되기 때문에 내부 고발자와 독립 언론이 협력해 저항의 중요한 역할을 한다. 중요한 기록과 정보가 제공되지 않으면 저항 활동과 시민사회 조직은 참여 기회를 얻기 힘들다. 하지만 지금껏 내부 고발자가 육류 산업이나 관련 당국의 스캔들 정보를 제공하려 할 때 법적인 보호를 거의 받지 못했다. 기밀과 관련 단서를 제공하는 것만으로 자신의 역할을 끝내야 했다.

많은 무역 협정에는 기업이 손쉽게 시장을 통제할 수 있는 규정이 포함돼 있다. 이것은 최근 몇 년 동안 유럽뿐 아니라 미국에서 저항이 일어난 계기가 됐다. 여러 남반구 국가에서도 이에

비아 캄페시나 국제 농민조직은
식량 주권을 위해 싸우고 있으며
세계 최대 사회운동이라 할 수 있다

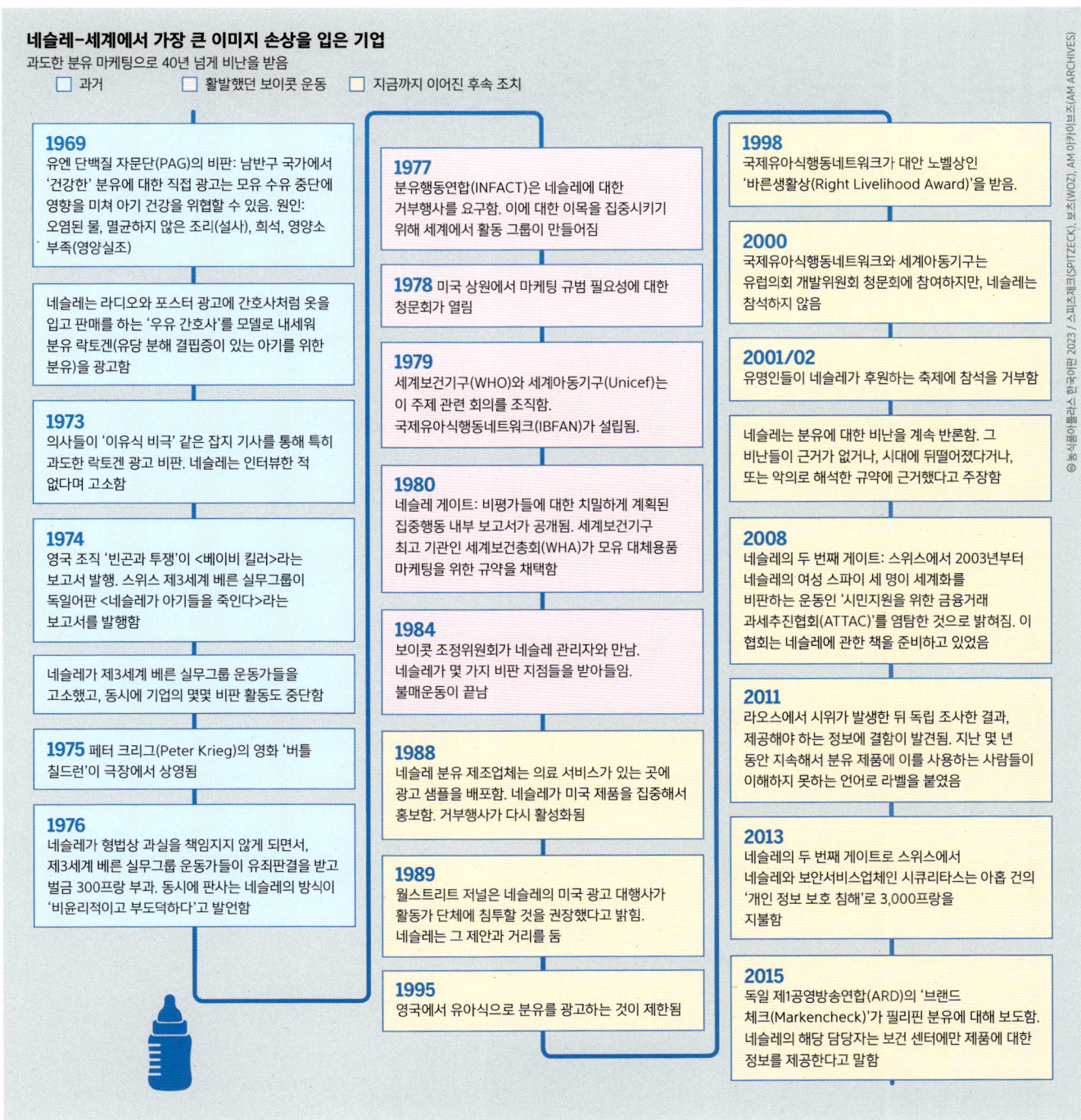

영향 받아 자유무역협정에 저항하고 있다. 카메룬 정부가 유럽산 잉여 닭고기를 수입하면서 지역 가금류 생산 체계가 거의 무너졌을 때, 한 시민운동 세력이 유럽의 '죽음의 닭'에 반대하는 캠페인을 시작했다. 이 캠페인은 수입과정에서 위생과 관련해 몇몇 불공정을 밝혀냈고, 이를 위해 도시와 농촌에서 미디어와 대중, 정치를 동원했다. 이 저항 운동은 3년 뒤인 2006년에 세계무역기구(WTO)의 위협에도 불구하고 카메룬 정부가 수입량을 제한하게 하는 성공을 거뒀다.

부르키나파소의 국내 농기업들도 높은 관세로 그들의 산업을 보호해줄 것을 정부에게 요구하고 있다. 이곳에 유럽연합 대형 제조업체들이 생산하는 값싼 분유를 수입하게 되면, 주로 여성들이 공급하는 국내 우유 판매가 더욱 어렵게 된다.

페루의 한 산악지역 농민은 독일 비정부기구들의 지원을 받아 전력기업인 에르붸에(RWE)를 고소했다. 에르붸에가 발전소의 이산화탄소 배출을 통해 지구 온난화에 1퍼센트 기여하고 있다는 게 고소 이유다. 이 전력기업은 빠르게 녹고 있는 빙하로 인해 페루 마을이 위협에 처한 상황과 무관하지 않다. 소송 결과는 아직 나오지 않았지만 저항하는 사람들의 대륙을 넘나드는 협력은 효과 있는 영향을 미친다.

1977년부터 1984년까지 네슬레의 과도한 분유 광고(위 글 상자 참조)에 대항해 세계에서 진행된 보이콧 운동은 초국적 식품 기업을 상대로 벌인 가장 성공한 캠페인이라 할 수 있다. 네슬레는 결국 문제가 되는 광고 방식을 바꿨고, 그 뒤로 세계보건기구는 불문율 규약으로 이러한 광고를 규제했다. ●

한국
지속가능하지 않은 농식품 체계

세계 농식품 체계의 일부가 된 지 30년이 지난 한국의
농식품 체계는 곳곳에서 위기를 드러내고 있다.
먹거리에서 시작해 농업과 농촌 문제, 사회와 기후위기를
풀어가기 위한 먹거리 시민, 먹거리 정치가 필요할 때이다.

한국의 농식품체계는 우리 역사와 사회 변동 과정 속에서 변화해 왔다. 대개 원조 농식품체계(1945년 해방 뒤~1960년대 말), 개발주의 농식품체계(1970년대 초~1980년대 말)와 자유주의 농식품체계(1990년대 초~현재)로 구분할 수 있다.

'원조 농식품체계'는 먹거리를 미국의 식량 원조에 기반을 두던 시기다. 냉전체제 속에서 미국은 지정학적 목적을 달성하기 위해 한국을 비롯한 제3세계 지역에 식량을 원조했다. 대량으로 공급된 농산물, 특히 밀은 우리 식단에 큰 변화를 가져왔다. 빈곤에 시달리던 시절, 값싼 수입 밀로 주린 배를 채웠다. 멸치국수, 수제비, 라면 같은 값싼 밀가루 음식들이 식탁에 자주 등장했다. 이 시기 한국에서는 농지개혁이 이뤄졌다. 이는 소규모 자작농 구조가 만들어진 배경이다. 오늘날까지도 이 소농(농지 소유 면적이 3헥타르 아래인 농가로 92.8퍼센트를 차지한다. *편집자 주)이 도시 소비자에게 식량을 공급하고 있다.

1970년대 들어 본격화된 '개발주의 농식품체계'는 박정희 정부의 농촌 근대화 사업과 밀접하게 연결돼 있다. 이는 농업 생산성을 높이기 위한 기획이다. 이는 통일벼로 상징되는 녹색혁명과 화학농업이다. 농약, 화학비료, 농기계를 적극 투입하는 화학농업은 그 뒤 한국 농업의 관행으로 자리 잡았다. 그 결과 쌀 자급률이 높아졌고, 1980년대에 들어 누구나 백미를 먹을 수 있게 됐다.

그 뒤 도시 노동자의 소득이 증가하고, 중산층이 늘어나면서 식습관에도 변화가 생기기 시작했다. 바로 육류 소비의 증가다. 외식문화가 발달하고, 고기 소비량이 빠르게 늘었다. 1980년대 또 다른 변화는 설탕 소비의 증가이다. 제당 산업이 발전하고, 국내 설탕 생산량이 늘어나면서 설탕 사용 역시 급증했다. 음식 전반에 단맛이 강해졌고, 가공식품을 통한 설탕 소비도 늘기 시작했다. 제과, 빙과, 음료 같은 가공식품 소비가 대중화 됐다.

1990년대 초부터 본격화되기 시작한 '자유주의 농식품체계'는 농산물 수입 개방이라는 구조적 조건과 맞닿아 있다. 무역 적자로 불만이 많던 미국은 한국 농산물 시장 개방을 요구했다. 결국 세계무역기구(WTO)와 자유무역협정(FTA)을 통해 쌀을 뺀 거의 모든 농산물이 자유롭게 국내 시장에 수입됐다.

한국 농식품체계는 온전한 독자 체계가 아니라 세계 농식품 체계의 일부가 됐다. 이는 불안정성이 높아졌다는 것을 뜻한다. 이를 보여주는 것이 낮은 농산물 자급률이다. 사료를 포함한 곡물 자급률은 1970년 80.5퍼센트에서 2020년 20.2퍼센트로 크게 낮아졌다. 특히 밀, 옥수수, 대두류 자급률이 매우 낮다. 한국인은 한 해 1인당 밀 30킬로그램 정도를 먹는다. 대부분 미국이나 오스트레일리아에서 수입한 밀이다.

사료도 큰 문제다. 육류 소비량의 증가는 결국 옥수수나 콩과 같은 사료 곡물의 수입으로 이어진다. 국내산 고기를 먹어도 농식품 사슬로 보면 나라밖에서 생산된 사료 곡물을 먹는 꼴이다. 다른 한편 설탕을 포함한 당류 소비도 계속 늘었는데, 이는

1990년대 초 한국은 세계무역기구와 자유무역협정을 통해 쌀을 뺀 거의 모든 농산물이 자유롭게 수입됐다. 이는 세계 농식품 체계의 일부가 됐다

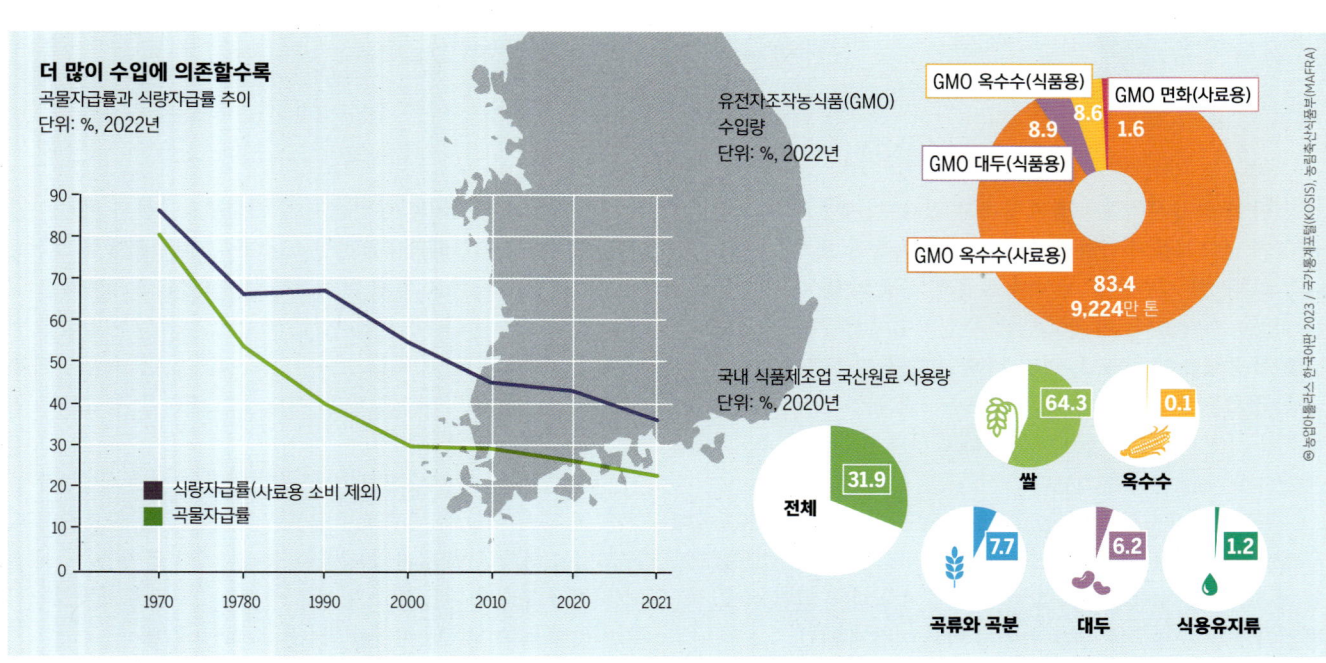

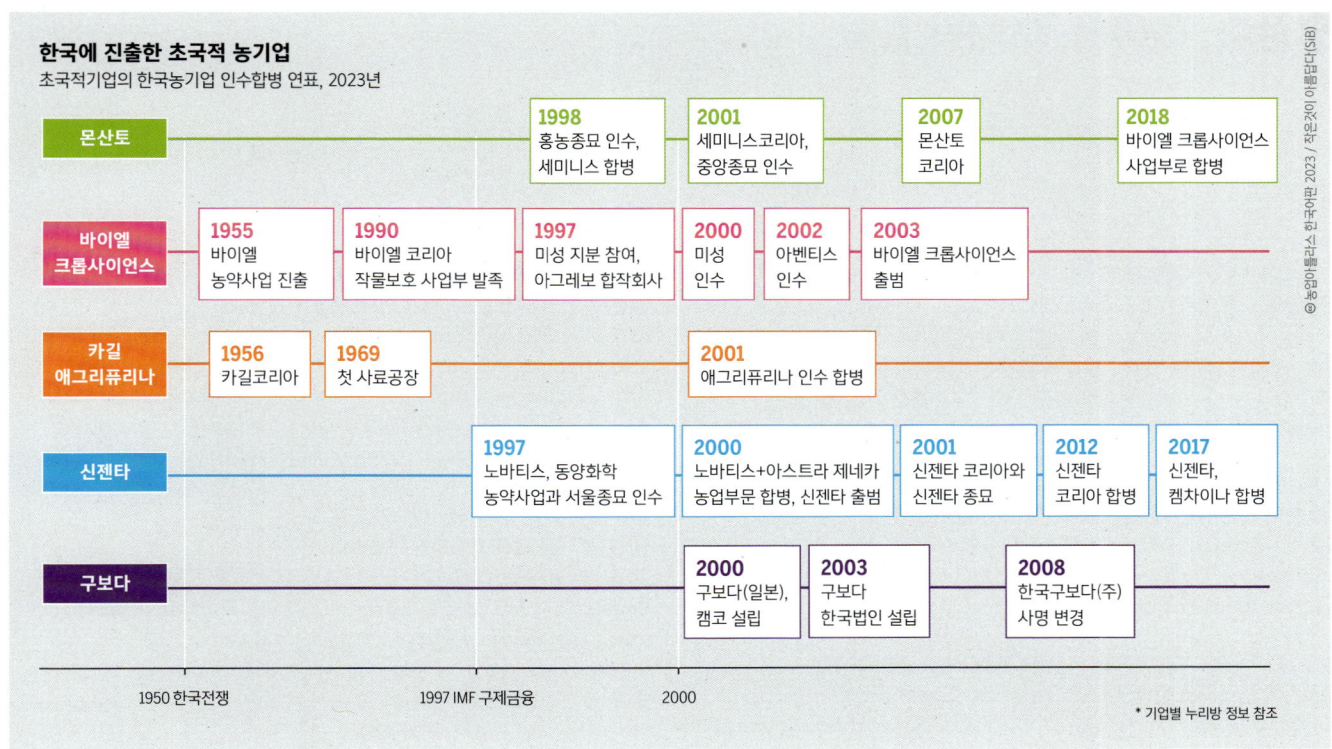

당연히 가공식품과 패스트푸드 소비량 증가와 깊이 연결돼 있다. 한국인은 이제 밥보다 고기와 가공식품을 더 많이 먹게 됐다.

이러한 과정을 겪은 우리나라 농식품체계는 다음과 같이 몇 가지 위기의 특징을 지닌다. 첫째, 육류 소비가 빠르게 증가(2000~2019년 기간 우리나라 1인당 육류 소비량은 31.9킬로그램에서 54.6킬로그램으로 늘었다.*편집자 주)하면서 좁은 공간에 다수의 가축을 가둬 키우는 밀집형 사육이 일반화됐고, 사료 수입량도 계속 늘고 있다. 이는 동물복지, 곡물 장거리 이동에 따른 탄소 배출, 축산 지역의 오폐수 같은 여러 문제를 낳고 있다. 둘째, 농산물을 투입재로 하는 식품산업 발달과 가공식품 소비 증가가 심화되고 있다. 당류를 포함한 가공식품 소비는 청소년 비만과 당뇨 같은 건강 문제와 직결된다. 셋째, 농촌 인구감소와 초고령화(전체 농업경영주 가운데 65세 넘는 고령농이 차지하는 비율은 46.8퍼센트다.*편집자 주)는 한국 농업의 토대를 위협하고 있다. 농사를 짓고, 식량을 공급할 사람들이 줄어들면서 농촌의 사회적 지속가능성이 위협받는다. 이는 곧 우리 사회의 식량위기를 의미한다.

한국 농식품체계의 위기를 극복하려면 몇 가지 원칙을 고려해 대안을 만들어야 한다. 첫째, 농업 생산과 식품 소비의 사회적 거리와 물리적 거리를 줄여야 한다. 생산자와 소비자의 교류와 연대의 강화가 필요하다. 둘째, 기후위기 시대에 대응하기 위한 먹거리 소비문화가 활성화돼야 한다. 육류와 인스턴트 식품 소비를 줄이고, 국산 곡물과 채소를 먹는 것이다. 셋째, 더 많은

> 한국 농식품 체계는 지속가능하지 않은 구조로 굳어지고 있다. 이를 바꾸고 변화시킬 수 있는 출발점은 먹거리 시민이다

> 한국에 진출한 초국적 농기업은 세계 농업시장에서와 같이 국내 농기업을 인수합병하면서 시장 지배력을 키워갔다

사람들이 먹거리 시민(food citizen)으로 음식을 공부하고, 행동하는 주체가 돼야 한다. 먹거리 시민은 먹거리 자체에 관심을 가질 뿐 아니라 '먹거리'라는 창문을 통해 지속가능한 세상을 만들기 위해 노력하는 주체를 뜻한다.

현대 농식품체계는 오랜 역사를 거치며 몸집은 커졌지만 지속가능하지 않은 구조다. 이를 바꾸고 변화시킬 수 있는 출발점은 시민 주체이다. 작은 것처럼 보이는 개인, 먹거리 시민 한 사람 한 사람이 일상 속에서 '제대로' 먹기를 실천하고, 함께 연대하며 체계의 변화를 일궈낼 수 있다. 먹거리 정치가 필요하다. ●

글쓴이, 데이터, 그래픽 출처

12–13 역사 : 세계화 되는 기업들
글쓴이 : 존 윌킨슨(John Wilkinson)
11쪽 : 아카이브, 기업보고서, 위키피디아의 최대 규모 인수 합병 목록, http://bit.ly/2hKTEBO. - foodengineering.com, 2016 Top 100 Food & Beverage Companies, http://bit.ly/2hKRuSQ. Fortune Global 500, http://for.tn/2a8FvwZ

14–15 플랜테이션 : 현대의 대지주
글쓴이 : 벤야민 루이그(Benjamin Luig)
12쪽 : 케스틴 놀테(Kerstin Nolte) 외, International Land Deals for Agriculture. Fresh insights from the Land Matrix: Analytical Report II, 2016, 18, 22쪽, http://bit.ly/2gIJ3tn. 13쪽 : 같은 자료. 10-11쪽, 36쪽

16–17 농업 기술 : 온라인으로 트랙터를 움직일 때
글쓴이 : 크리스틴 켐니츠(Christine Chemnitz)
14쪽 : 아카이브, 기업보고서, 위키피디아. 15쪽 : Jahrbuch Agrartechnik 2015, 5쪽, http://bit.ly/2hsp7JH. eilbote-online.com, Konjunkturtief erfasst die Weltproduktion,2015.9.17,http://bit.ly/2hqugok. FAO/농업시장정보시스템(AMIS) 데이터베이스,http://bit.ly/1daxcaV. agweb.com, 2016 Outlook: Machinery Market Ripe for Consolidation, http://bit.ly/2hqBnNE

18–19 물 : 개인의 손에 넘어간 푸른 황금
글쓴이 : 미라 카루나난단(Meera Karunananthan))
16쪽 : 세계를 위한 빵(Brot für die Welt): Die Welt im Wasserstress, 8-9쪽, http://bit.ly/2hsqRTq. 17쪽 : waterfootprint.org, Product gallery, http://bit.ly/1KQBZBp. - 사타코 키시모토(Satako Kishimoto) 외.(발행인), Our public water future. The global experience with remunicipalisation, 2015, 17쪽, http://bit.ly/1Oq8knL.

20–21 비료 : 토양이냐 생산량이냐
글쓴이 : 크리스티안 레머(Christian Rehmer), 카트린 벤즈(Katrin Wenz)
18쪽 : 아카이브, 기업보고서, 위키피디아. 19쪽 : 아이씨아이에스(ICIS) Fertilizer Resources, Trade Flow Map 2015, http://bit.ly/2hufRFn. 국제식량농업기구(FAO) World fertilizer trends and outlook to 2019, Summary Report 2016, http://bit.ly/27V0vOV. 세계은행 데이터베이스(World Bank database), http://bit.ly/2hsrg8t.

22–23 종자와 농약 : 기업 수는 줄고 시장 독점력은 커지고
글쓴이 : 하이케 몰덴하우어(Heike Moldenhauer), 사즈키아 히르츠(Saskia Hirtz)
20쪽 : 아카이브, 기업보고서, 위키피디아. 21쪽: 블룸버그 bloomberg.com, ChemChina Offers Over $43 Billion for Syngenta, http://bloom.bg/2hsiWIw. 위키피디아 기사. 유럽특허청(Europäisches Patentamt), 글로벌 특허 지수(Global Patent Index) 2016/35, http://bit.ly/2gFpOTl.

24–25 가축 유전학 : 시작은 특허부터
글쓴이 : 크리스토프 텐(Christoph Then)
22쪽 : 나태엘 톰슨(Nathael Thompson), Genetic Testing for feedlots: Is it profitable? Purdue Agricultural Economices Report, 2016.6, 11쪽, http://bit.ly/2gIHXhA. 23쪽 : 크리스토프 텐(Christoph Then), Gentechnik, Patente und die Tierversuchsindustrie, 2016, http://bit.ly/2hjwAx3. - 아카이브, 기업보고서, 위키피디아.

26–27 작물 유전학 : 단백질 전투
글쓴이 : 짐 토마스(Jim Thomas)
24쪽 : 아카이브. 25쪽 : 안나 뮐러(Anna Müller), CRISPR, Genome-Engineering und genmanipulierte Embryos: Spiel mit dem Erbgut? scilogs.spektrum.de, 2015.4.28. fieldquestions.com, CRISPR and the Monsanto Problem, http://bit.ly/1oA41M3. nanalyze.com, 7 Gene Editing Companies Investors Should Watch, http://bit.ly/2gFEFwX, 아카이브, 기업보고서, 위키피디아.

28–29 곡물 : 국제 곡물기업의 두 번째 수확
글쓴이 : 로만 헤르(Roman Herre)
26쪽 : 아카이브, 기업보고서, 위키피디아. 27쪽 : 미국 농무부 산하기관 해외농업국(USDA Foreign Agricultural Service), Oilseeds, 2016.11, http://bit.ly/2hvLUru. Grain, 2016.11, http://bit.ly/2hpkJeO. Sugar, 2016.5, http://bit.ly/1v36QFi. - The Fortune 2016 Global 500, http://for.tn/2a8FvwZ

30–31 식품 가공 기업 : 브랜드, 시장, 지배
글쓴이 : 디트마 바츠(Dietmar Bartz)
28쪽 : 아카이브, 기업보고서, 위키피디아, Food Processing's Top 100 2016, http://bit.ly/2hjvt0g. 29쪽 : 미국 농무부 경제연구소(ERS USDA), Four-firm concentration (CR4), 유로모니터(Euromonitor) 2009년 자료, http://bit.ly/2hsFaHq. - 유럽경쟁네트워크(European Competition Network), ECN activities in the food sector, 2012, 5쪽, http://bit.ly/1U3SRdK

32–33 소매업 : 사슬에 묶이다
글쓴이 : 크리스토프 앨리엇(Christophe Alliot), 실바인 리(Sylvain Ly)
30쪽 : 아카이브, 기업보고서, 위키피디아. 31쪽 : 유럽의회(EP), Competition in the Food Retail Sector, 2016, 10쪽, http://bit.ly/2gIXJsR. 스태티스타(statista.com), Marktanteile der 5 größten Lebensmitteleinzelhändler, http://bit.ly/2hKYEX4. 유럽연합 집행위원회(EC), The economic impact of modern retail on choice and innovation in the EU food sector, Final Report, 2014, 50쪽, http://bit.ly/1rxZQjm.-닐슨(NIELSEN), Nielsen Global Shopping Report 2012, 2쪽, http://bit.ly/2gHOnyM.

34—35 세계의 식량 : 농약을 뿌려도 굶주림은 여전히
글쓴이 : 올리비에르 드 슈터(Olivier De Schutter), 에밀 프리손(Emile Frison)
32쪽 : 디팍 K. 래이(Deepak K. Ray) 외, Recent patterns of crop yield growth and stagnation, nature communications 3, http://go.nature.com/2gy5SwN. 33쪽 : 세계기아교육서비스(worldhunger.org), 2016 World hunger and poverty facts and statistics, http://bit.ly/2dcWWz6. FAO 통계 데이터베이스(Faostat database), Food Balance Sheets, http://bit.ly/2gIZgij

36—37 대안 : 아주 큰 것에 맞서는 매우 작은 것
글쓴이 : 얀 우어한(Jan Urhahn), 크리스티네 폴(Christine Pohl)
34쪽 : 인코타(Inkota), 미제레오(Misereor), 옥스팜(Oxfam) (발행) Besser anders, anders besser. Mit Agrarökologie die Ernährungswende gestalten, 2016, http://bit.ly/2gXJmyr. 어전씨(Urgenci), Overview of community supported agriculture in Europe, 2016, http://bit.ly/2hsK9be. 35쪽 : 코넬 대학교(Cornell University), Global Adoption of SRI in 2016, http://bit.ly/2gITX2s. D. 글로버(D. Glover), The System of Rice Intensification: Time for an empirical turn, NJAS 57 (2011), 217-224쪽, http://bit.ly/2hsFRAr. 유럽의회(EP), Agricultural Technologies for Develeping Countires, Annex 3, Case Study „The system of rice intensification"2009, http://bit.ly/2gXLMNt

38—39 금융시장 : 성장만 좇는 투자자들
글쓴이 : 제니퍼 클랩(Jennifer Clapp)
36쪽 : 아카이브, 기업보고서, 위키피디아. 37쪽 : 인베스코(invesco.com), PowerShares DB Agriculture Fund, http://bit.ly/2hqHAta. - CME 그룹(CME Group), Web Volume Report CME 2015.12, http://bit.ly/2hLbyVh. 미국옥수수재배자협회(National Corn Growers Association), U.S. Corn Production 1935-2015, http://bit.ly/2gylald, World Corn Production 2015-2016, http://bit.ly/2hsLFu4

40—41 노동 : 싸게 더 싸게
글쓴이 : 라인힐트 베닝(Reinhild Benning), 벤야민 루이그(Benjamin Luig)
38쪽 : 옥스팜(Oxfam), Süße Früchte, bittere Wahrheit. Die Mitverantwortung deutscher Supermärkte für menschenunwürdige Zustände in der Ananas- und Bananenproduktion in Costa Rica und Ecuador, 2015, 26쪽, http://bit.ly/1TWUppI. 39쪽 : 미제레오(Misereor), Harvesting Hunger. Plantation Workers and the Right to Food, 2014, 18쪽, http://bit.ly/2huupVn. Ethical Tea Partnership, 옥스팜(Oxfam), Understanding Wage Issues in the Tea Industry, 2013, http://bit.ly/1FwUWpj

42—43 세계무역 : 너무 큰 영향, 너무 적은 규제
글쓴이 : 소피아 머피(Sophia Murphy)
40쪽 : raconteur.net, M&A fever grips emerging markets, http://bit.ly/2gFED8l. 41쪽 : 캐슬린 고든(Kathryn Gordon), 요아힘 폴(Joachim Pohl), Investment Treaties over Time. Treaty Practice and Interpretation in a Changing World. OECD Working Papers on International Investment 2015/02, 36, 21쪽, http://bit.ly/2hsJFlr. WTO, Regional Trade Agreements, Facts and Figures, 2016, http://bit.ly/1MRjVqW. 로만 스톨링어(Roman Stöllinger), Tradability of Output and the Current Account: An Empirical Investigation for Europe, Second Sarajevo Conference on Social Sciences, 2016.5, 176쪽, http://bit.ly/2gZzfsI. Unctad, Key statistics and trends in International Trade 2015, 2015, 9쪽, http://bit.ly/2hL6IHi

44—45 로비 : 압력을 받는 정부기관
글쓴이 : 페터 크레이슬러(Peter Kreysler)
42쪽 : 연방위해평가원(Bundesinstitut für Risikobewertung), BfR-Verbraucher Monitor 2016/02, 9, 17쪽, http://bit.ly/2gzN2oU. 43쪽 : 유럽기업감시(Corporate Europe Observatory), TTIP: Wer lobbyiert am meisten?, http://bit.ly/2gXXWWs.

46—47 규제 : 시장 지배력과 인권
글쓴이 : 벤야민 루이그(Benjamin Luig), 크리스티네 켐니츠(Christine Chemnitz)
44쪽 : 연방 카르텔 감독청(Bundeskartellamt): Kartellverfahren gegen Bierbrauer mit weiteren Geldbußen abgeschlossen, http://bit.ly/PizYqN. Wikipedia, Liste der höchsten Strafen wegen Wettbewerbsverstößen in der EU, http://bit.ly/2gIV81Z. 45쪽 : EP, Competition in the Food Retail Sector, 2016, 9쪽, http://bit.ly/2gIXJsR

48—49 반격 : 시위와 보이콧, 저항
글쓴이 : 라인힐트 베닝(Reinhild Benning)
46쪽 : La Via Campesina Members, http://bit.ly/2hqTQtu. 47쪽 : 하이코 스피츠제크(Heiko Spitzeck), Nestlés Marketing von Babymilchpulver. In: ders., Moralische Organisationsentwicklung. Was lernen Unternehmen durch Kritik von Nichtregierungsorganisationen? St. Galler Beiträge zur Wirtschaftsethik 42, 2008, 98-132쪽. 헬렌 브뤼게르(Helen Brügger), Spionieren verboten" In: Woz, http://bit.ly/2gFZ6tM. ARD, Der Nestlé-Check, http://bit.ly/2flbdH5

50—51 한국 : 지속가능하지 않은 농식품 체계
글쓴이 : 김철규(Kim, Chul-Kyoo), 작은것이아름답다(SiB)
50쪽 : 농림축산식품부(MAFRA), 농림축산식품주요통계2022 https://bit.ly/45nacYP, 한국바이오안전성정보센터 https://bit.ly/45GLmTv 51쪽 위 : 기업별 한국어 누리방, 2023 농업전망 https://www.foodsafetykorea.go.kr 51쪽 아래 : 한국농식품유통공사(AT), 식품외식산업 주요통계 2022, https://bit.ly/3EaKsmD

인터넷 출처는 2016년 12월 검색 기준,
한국 자료는 2023년 8월 검색 기준

하인리히 뵐 재단
HEINRICH-BÖLL-STIFTUNG

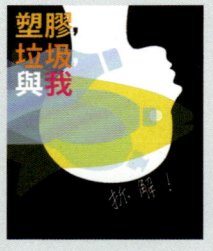

세계 녹색당 운동에 함께하는 비영리단체다. 베를린 본사와 세계 32개 지부가 있다. 2020년 아시아 지부를 홍콩에 열었다. 아시아는 세계가 진보하는데 중요한 곳으로 기술 혁신을 일으키고, 세계 경제와 환경 개발에 영향을 미치며, 협치 관련 쟁점들이 떠오르는 매우 역동성 있는 국가와 공동체들이 있는 지역이다. 홍콩 사무소는 아시아 지역에서 발전하고 있는 전환의 흐름에 대해 유럽과 아시아 사이 참여를 촉진하는 '아시아 글로벌 대화 프로그램(AGDP)'을 주관한다. 아울러 다양한 분야 이해관계자, 전문가, 학자들을 공통 관심사로 모으며, 사실에 기반한 교류와 연결망을 촉진하기 위해 연구와 분석, 출판을 지원한다. 재단은 2024년 초 서울에 한국 사무소를 개소할 예정이다.

www.boell.de

작은것이 아름답다
Small Is Beautiful

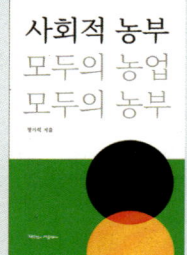

(사)작은것이 아름답다는 1996년 6월 우리나라 처음으로 생태환경문화잡지 <작은것이 아름답다>를 펴내며 녹색출판을 통해 자연과 더불어 사는 삶을 위한 생태환경문화운동을 펼치는 비영리단체이다. '종이는 숲이다'라는 생각으로 생태환경잡지를 재생종이로 펴내며 숲을 살리는 재생종이운동을 이끌고 있다. '해오름달', '잎새달' 같은 우리말 달이름 쓰기, 자연과 더불어 사는 일상을 위한 '작아의 날'을 제안하며 생태감성을 일깨우는 녹색문화운동을 펼치고 있다. 2019년부터 <아틀라스> 시리즈 한국어판 출판 프로젝트를 진행하고 있다.

www.jaga.or.kr